平凡社新書
976

さよならテレビ

ドキュメンタリーを撮るということ

阿武野勝彦
ABUNO KATSUHIKO

HEIBONSHA

さよならテレビ●目次

第3章　表現とタブー

第4章　放送は常に未完である

第5章　世の中には理解不能な現実がある

第8章 「ドキュメンタリー・ドラマ」とは何か……201

第9章 あの時から、ドキュメンタリーは閉塞した世界だった……219

プロローグ

テレビはうたかた

「いま話したことも、十分で忘れてしまいます」

九十一歳の母のことを介護士が、そう言った。温泉付き介護施設を訪ねた時、母の心許ない物覚えについての説明だった。三年前、母は名古屋の私の家に来てしばらくゆっくりした。しかし、夜、風呂から上がってくるたびに、「このホテルにはいつまでいるの」と真顔で聞くのだった。その時、母の異変を感じたのだが、わずか三年の間に、「十分の記憶」にまで進行してしまっていた。

「あんたのテレビは物悲しいからねぇ……」

三十年前、私が初めて作ったドキュメンタリーを、母はそう言った。

「そうねぇ……」。あまりお好みではなかったようなので、曖昧《あいまい》な返事をして、やりとりは終わった。いつか見直して、ゆっくり語り合う時が来ると思っていたが、「十分の記憶」

の母との間に、その機会は望めそうにない。施設の職員に、母が大好きだった越路吹雪のDVDを託したのだが、画面を五分もじっと観ていられなかったという。テレビも、本も、新聞も、玄孫《やしゃご》のフォトブックも、もうじっくり味わうことができない。

人生について考えてしまう。最晩年、身体は健康だが記憶を失っていく。母は、幸せなのか。答えの出ない数式に迷い込むような問いだが、母の中で私は、もうテレビマンでも何でもないようだった。ただ、自分の息子、それだけになっているようだった。

母に別れを告げて、車を運転しながら、ずっと考え続けた。「人生はうたかた、テレビもうたかた……」。人の一生は九十年、そして、テレビは一瞬に流れゆく。諸行無常、すべては留まることなく流れゆくもの。そのテレビに、人生の半分にあたる四十年という時間を費やしてきた私は、何者なのだろうか。テレビとドキュメンタリーに、何かを残せるのだろうかと。

テレビはジェットコースター

まるで、ジェットコースター。ひたすら上っていく。太陽に向かってグングンと。しかし、ある時を境に、地べたに向かって一直線に落ちていく。最後は、生卵が叩きつけられるようにペチャッと割れて、跡形もなくなってしまうのだろうか。テレビマン生活四十年とテレビの未来を想像すると、こんな絵図しか浮かんでこない。だが、それを望んでいるわけではない、むしろ、そうなってほしくない。落ちていく風景の中で考えてきたのは、〝ペチャッ〟を回避したいということだ。テレビは、私の人生そのものなのだから。

一九八一年、大学を卒業した私は、二十二歳で名古屋の東海テレビ放送に入った。その年は、就職難だった。大学の就職部で募集要項を見ると、私のような役に立たない文学部社会学科の学生は募集外として排除する企業がたくさんあった。ヘルメットをかぶり、竹竿を持つようなことまではしなかったが、大学の学費値上げ、キャンパスの移転問題などの反対運動には関わっていたので、私ははじめから就職することを諦めていた。企業が興信所を使って学生の身元調査をさせている時代だった。

しかし、大学四年の夏、東京で先輩に会った折、「新卒で就職活動するのは一回限りの人生勉強だし、軽い気持ちで受けてみたら」とアドバイスをもらった。素直にその言葉を受けて動き始めた。ジャーナリズム専攻でラジオドラマなどを作るサークルに所属していたので、放送関係に絞って覗いてみることにした。この頃、テレビ、ラジオ、新聞、出版などマスコミはいずれ劣らぬ花形で、企業研究も不十分な私には、どう考えても手の届かない高嶺《たかね》の花だった。

私の実家は静岡県伊東市、大学は京都。名古屋には親類縁者もなく、子どもの頃に家族で東山動物園に来たことがある程度の土地だった。他のラジオやテレビとともに、四次、五次と試験を通過しているうちに、狭き門が開きそうな気がしてきたと同時に、いま仕事に就かないと食い逸《はぐ》れるかもしれないとムクムクと弱気が膨らんでいた。

最初の内定は、東京のラジオ局からだったが、同じ就活生がそのラジオ局特有の株式市況を「読みたい」と志望動機を熱く語っていたので、そんなの全く読みたくない私は辞退してしまった。東京のテレビ局は、東海テレビと最終試験が重なった。どちらかを選択しなくてはならなくなったので、私は東京のテレビ局に電話をすることにした。

「名古屋の局から内定が出ました。おたくは、私を採用するつもりがありますか」

こういう学生がいるのかどうか知らないが、ちゃんと回答を得た。人事担当者が、最終試験に残っている人数と採用予定数、そして私が何番目であるかを教えてくれたのだ。このことを話すと、母は言った。「東京で勝負しなさいよ」「勝負……」

母のふるさとが東京であること、そして、名古屋だと放送をみることができないという理由だった。私には兄が二人いるが、二人ともまだ大学に在籍していた。末っ子の私が家族で初めての就職試験だったとはいえ、負けてもいいから突っ込めという母には驚かされた。

第一希望で決まらなかったことが、逆に功を奏す。私には体験がある。東京の大学を目指していたのが、京都へ行ったことだ。友人に恵まれ、豊かな学生生活を送ることができた。それをこう解釈した。第一希望に敗れたお蔭だ、と。食い逸れの弱気と、ちょっと負けることで豊かさを得る人生経験を加味して、就職先を決めたのだ。

テレビはヘンな人たちの集まり

東海テレビは、ヘンな放送局だった。報道の現場では、右翼的なデスクの態度が大きかったり、アルコール漬けのディレクターがいたり、忌引き休暇を取るために親戚を次々に死んだことにし続ける編集マンがいたり、ハチャメチャな雰囲気があった。「黒ヒョウのイメージ」などと言って、夜陰に紛れて疾走《しっそう》する野獣のごとく特ダネを飛ばす気風と、「ドキュメンタリーの東海テレビ」を誇っていた。

一九八一年十月。七ヵ月の研修期間を経て、私は報道部のアナウンス班に配属された。アナウンサーはすべて報道部の所属で、主に日々のニュースやスポーツ中継を担当するのだが、制作部の情報番組の司会者をしたり、事業部の催事の場内仕切りをしたり、社内の部署を跨いで仕事をしていた。

配属されると、アナウンサー研修に入った。私を指導したのは、首藤満アナウンス担当部長だった。腹式呼吸の習得、滑舌練習、正しいアクセント、美しい日本語……。会社の最上階の個室で、師匠とその弟子のマンツーマンの日々が続いた。当時、首藤師匠は体調がすぐれず、半世紀近く続いた長寿番組『ふるさと紀行』のナレーションを残して、他の番組は降板していた。私は、師匠の最後の弟子として育てられたのだが、小さな口でモゴモゴしゃべってきた二十二年が、アナウンサーになる大きな障害となり、滑舌の矯正に多くの時間を費やした。

すぐ上の先輩たちは、学生時代からアナウンスの専門学校にも通っていて基礎ができていたし、しゃべる資質に秀でていると思った。頭に思い浮かんだことを、的確な言葉に変換して即座に声にして出せるのである。先輩たちの仕事ぶりを見るたびに、私にアナウンサーを続けていけるのだろうかと悩むのだった。

結局、不向きな仕事は続かず、七年で幕を閉じるのだが、研修の中で師匠がアナウンスメント以外に教えてくれたことが、後年、テレビマンとしての私の羅針盤《らしんばん》となっていった。その一つが、「テレビは映像だよ」という言葉だった。

放送界に入る前、テレビ局はアナウンサーでもっていると思っていた。外向けには、局の顔、テレビの花なのだが、中ではかなり軽んじられていた。この局の伝統なのだろうか、「そもそも無機質なカメラに向かってよくニコニコできるな」などとアナウンサーの人格否定をする記者がいた。新人ながら、「仕事なんだよ」と言い返してやりたかったが、そのくらいアナウンサーという職業への無理解は横行していた。

実際には、当時の東海テレビのアナウンサーは優秀だった。スポーツアナウンサーは、プロ野球、バレーボール、サッカー、ラグビー、体操、競馬・競輪・競艇、トライアスロン、何でもこなしたし、ニュースアナウンサーは、事件・事故の現場リポートに対応し、医療担当記者として大病院に食い込んで他局にはないニュースソースを持っている先輩もいた。

ガウディで草鞋を捨てる

一九八二年。入社二年目で、私は早朝一時間のニュース番組のキャスターになった。「フレッシュ」が、その番組のキャッチフレーズで、ただ若いだけの私を抜擢したのは、アナウンサー軽視の表れだったのかもしれない。毎週、月曜日から金曜日まで、朝四時に起床して出社し、六時半から七時半までのワイドニュースの司会を担当した。「ぼくらの発言」という五分のコーナー企画のために小学校めぐりもした。

取材から帰ると、編集マンと放送用のパッケージにして帰宅する。そういう生活を三年間続けた。後輩に番組を譲った後、取材の基礎を学び直すため日々のニュースに関わりたいとデスクに申し出た。しかし、デスクは「アナウンサーなんかに取材などできるものか」と面と向かって言うのだった。

記者の職域に対するプライドといえば聞こえはいいが、新人で配属された記者にできるストレートニュースさえもこなせないと、報道部内でアナウンサーを一段下に置いて安心していたかったのだろう。常に自分の下に蔑む対象を置いておくというのは差別の構造そのものだ。

だが、四の五の言っても仕方がない。私は、ベテラン記者の取材に同行することを願い出て、試しに原稿を書き、デスクに点検してほしいと提出した。そうして、現物を一人一人に見せる努力をするしかなかったのだ。

こうして、アナウンサーと記者の二足の草鞋《わらじ》を履くこととなり、日々の小さなニュースをやり始めるのだが、事件・事故、裁判の取材をしてみたいと考えるようになった。これも、警察と裁判所の記者クラブをアナウンサーに担当させた前例がないという理由で、なかなか前に進まない。テレビ局員は、より新しい情報を探し、好奇心が旺盛であることを求められるのだが、組織的には柔軟な思考と精神とは正反対で保守的な側面を持っている。

言い換えると、新しい考え方のいわば異分子が出ることを嫌う傾向が強い。変革期に上手に対応できないのは、この国のメディアが、自ら変わることを避けようとする体質が染みついているからではないかと思うのだ。しかし、組織は背に腹は代えられないというような人手不足になると、突然、一スタッフにチャンスを回すということがある。

一九八七年、日本の録画方式とは違うビデオパッケージが、中国から東海テレビの社長宛てに大量に送られてきた。東海テレビは、中国・南京市にある江蘇電視台との間で姉妹提携を結んでいる。当時のトップが南京のホテルでの懇親会で、番組購入を約束してきたらしい……というのだ。アルコール度数の高い酒を飲まされて、何だか訳がわからないうちに「ハオハオ」と言ってしまったのだろう。曖昧な返事をする日本人、日中友好とは金なりの中国人……。

届いたのは〈横断中国〉という江蘇電視台のシリーズ企画だった。「そんな約束はしていない」ではなく、経営トップは報道部に大量のビデオを押しつけた。番組にしなくてはならなくなった報道部は、困った。とにかく、人手がない。報道部長がディレクターに指名したのが、暇そうな私だった。ビデオの中身は全編中国語で、構成もメチャクチャ、日本で放送できるような代物ではなかった。しかし、これまでに観たことのないような珍しい映像があった。編集で落とされた取材の生テープをもらって再構成すれば何とかなると考えて江蘇電視台に連絡した。

しかし、取材テープは別の番組を上書きしてすでに映像はない。追い詰められたが、日本語訳を頼んだ担当者が南京大学日本語科を卒業していて、この番組の取材にも同行した記者だった。彼をゲスト解説に招聘し、私が司会に立ってスタジオを回す『シルクロード特急・中国横断の旅』四回シリーズにして乗り切った。

次の年も無理強いは続いた。名古屋大学水圏科学研究所（現・地球水循環研究センター）のスタッフが氷河の研究に中国の奥地に行くというので、ビデオカメラを持たせたという。私の知らないことだったが、帰国した一行から取材テープが届けられると、「ほい、頼む」

と押しつけられた。やむなく氷河について書籍を読み漁り、『遥かなる氷河』という番組に構成した。自分で取材する自主企画とは程遠かったが、私はそれなりに編集・構成を楽しんだ。そうして、得体の知れない素材の処理班を務めているうちに、思わぬチャンスが訪れた。

一九八八年、翌年に名古屋で開催される「世界デザイン博覧会」の記念番組である。スペインの建築家、アントニ・ガウディの特番を作れということだった。名古屋城の隣にサグラダ・ファミリア「聖家族教会」にちなんだ巨大なオブジェが作られる。ガウディを題材に、真っ白なキャンバスに自由に描いてみてよいというのだ。私は、この番組を機に、アナウンサーという草鞋を脱いで、番組ディレクターへの道を歩き始めることになった。

砂漠を行きつ戻りつ

その後は、本書の中にちりばめていくが、決して一本道ではない。番組の取材をしている最中に人事異動を言い渡されたり、社長との間でテレビのあり方をめぐって一度ならずバトルを繰り広げた。時には、職を失うかもしれない瀬戸際で、テレビというメディアの栄枯盛衰を感じながら、ドキュメンタリーを作り続けた。

振り返ると、カメラの前で人生の機微を垣間見せてくれた人々が、私にとって何よりのオアシスだったし、組織の中で枯れてしまいそうになっている時に水辺まで導いてくれるスタッフに出会えたことは、何ものにも代えられない宝だ。もし、私が「十分の記憶」になったとしても、母が私を息子と記憶しているように、取材対象とスタッフは心に沁《し》みて消えることはないだろう。

これは、肥沃《ひよく》な大地だった時代から、砂漠へと突き進む現在までのテレビ界を歩いてきた旅の記録である。彷徨《さまよ》いとアクシデント、そして行きつ戻りつの記録にすぎないのかもしれない。しかし、これからのテレビマンは、さらに混沌とした厳しい時代を歩かなくてはならないだろう。ただ、真っすぐに自分の表現を貫きたいという人々に、私は希望を見ている。前後左右が見渡せないような深い闇の中でも、自分の位置を確かめ、志を捨てる必要は決してない。そうした未来の表現者のために、夜空の小さな星のように、本書が少しでも役に立ってくれればと願う。

第1章
テレビマンとは何者か

『さよならテレビ』より

『さよならテレビ』（二〇二〇）

「セシウムさん事件」はなぜ起きたのか

若い頃、名古屋の古い町に入り浸って取材した。その町の真ん中に、大きな墓が入り口に建っている旧家があった。訪問すると和服の老紳士が歓迎してくれた。縁側に並んで座り、墓の由来を聞くと、第二次世界大戦で戦死した義兄の顕彰碑だと答えてくれた。亡くなった義兄はその家の跡取り息子で、先代の悲嘆は見るに忍びないものだったと話した後、老紳士は、この家に婿入りした身の上を語り出した。

「私は、そういうことでここにお邪魔したんです」

お邪魔した……。この家で四十年以上も当主をしているのに、何とも不釣り合いな言葉だ。取材後も、私の中でこの言葉の真意について咀嚼《そしやく》が続くことになった。

その町には、「御講組」という組織があった。十数軒の家長が、月に一度、当番の家に集まり、経を唱え、終えると茶を飲みながら、それぞれの家の話をし、金の貸し借りもした。古くから土地と宗教で結ばれてきた互助会だ。大きな墓碑の家が当番の日、「御講組」に列席させてもらった。そこで、「ハエツキ」という言葉に出会った。「私もハエツキだで」「あんたの母さんがハエッキやで」。初めての単語に、昆虫をイメージしたが、漢字を聞いて合点した。「生え付き」。この町に生まれ、この町に根付いてきた人を名古屋言葉で、そう言うのだった。集まった人々の会話に代々続く人間関係の安らぎを感じたが、「お邪魔した」と言った老紳士の横顔をチラッと見た。「うち」に優しければ、「そと」を過剰に意識する。古い町の「うち」と「そと」を隔てる、見えないバリアの正体を見てしまったような気がした。

「うち」。会社のことを、そう呼ぶ人がいる。

「うち、うちの、うちは」と連呼する人を前にすると、私は醒めてしまう。属していても、組織や集団を「うち」とは言いたくないのだ。だが、

『さよならテレビ』（2018年9月放送、20年1月ロードショー）

メディアの頂点に君臨してきたテレビ。しかし、今はかつての勢いはない。「第4の権力」と呼ばれた時代から、いつしか「マスゴミ」などと非難の対象となり、あたかも、テレビは嫌われ者の一角に引きずり下ろされてしまったかのようだ。果たして、テレビは本当に、そんなに叩かれるべき存在なのだろうか。「偏向報道」「印象操作」など非難されるようなことが行われているのか。テレビの存在意義、そして役割とは一体何なのか。東海テレビの報道局にカメラを入れて、「テレビの今」を映し出す。東海テレビドキュメンタリー劇場第12弾。

プロデューサー：阿武野勝彦／監督：土方宏史／撮影：中根芳樹
編集：高見順／音楽：和田貴史／音楽プロデューサー：岡田こずえ
効果：久保田吉根／VE：枌本昇／TK：河合舞
宣伝・配給協力：東風

困ったことに、私も酒を呑んでいると、つい「うちの会社は……」と口にしていることがある。

いつの頃からか、私は会社の中で「旅人」のようにいたいと思うようになった。真面目な組織人になる素質に欠けていたこともあるが、集団へ没入して自分を失くしているような人々が、美しくないと思うからでもあった。そもそもテレビマンは、「組織」より「個人」、「会社」より「社会」という考え方が大事だとも思うのだ。

リーマン・ショック以降、民放ローカル局では、剝《む》き出《だ》しの言葉で危機意識を煽る経営者が跋扈《ばっこ》した。たとえば、経営計画という指針を作らせる際に、「勝ち組」「負け組」「生き残り」「筋肉質の組織」「放送外収入」などと言って、社員をサバイバルゲームに駆り立てた。テレビ局には大らかな体質がちょうどいいと考えていたので、旅人は馬鹿げたやりとりにシラケていたが、組織の中では、大真面目に利益の戦士を気取る者たちが元気だった。あの時、ジャーナリズムの足腰を圧《へ》し折り、批評精神の刀を錆びつかせ、金銭至上主義の病気を蔓延《まんえん》させたことが、どれだけテレビを貶めたことか。

二〇一一年八月四日。「うち」の会社では、開局以来最悪の不祥事「セシウムさん事件」が発生した。生情報番組『ぴーかんテレビ』のプレゼントコーナーで、当選者名を書き入れる前のダミーテロップが放送されてしまった。当選者の欄には「岩手のお米セシウムさん」などと書かれていた。

原発事故の風評被害に晒《さら》されている農家をバックアップしようというプレゼント企画だったのに、逆に鞭で打つことになってしまった。字幕などタイトル関係を請け負っていたスタッフのおふざけなどでは済まされない。テレビ局の根っ子に邪悪な気持ちがあるから起きたことだと激しく指弾《しだん》された。

旅人は、事件は偶然ではなく必然だと思った。こんなことが起こりはしないかと、警鐘を鳴らしたつもりだったが、経営トップは言うまでもなく、組織の戦士たちが耳を貸すことはなかった。「お前などは、おとなしくドキュメンタリーをやっていればいいんだ」。経営の指令は経費削減だったが、方法論が安直だったため、下請けの締め上げと皺寄せへと短絡して、職場環境の悪化を招くだけだった。

事件直前、私の属する報道局には、深夜になると「タクシーチケットをください」と一階下の制作局、つまり『ぴーかんテレビ』の外部スタッフがすまなそうにやってきていたという。経営の意向をフルスロットルで反映しようとした部署では、社員スタッフはさっさと帰り、外部スタッフが居残って作業を続けていた。公共交通機関がなくなる時間になっても仕事が続くのを知らないのか、組織の寒い風が知らん顔をさせたのか、帰れない仲間への気遣いなど吹っ飛んでいた。

私は、それが会社を「うち」と呼ぶ人々の本質だと思った。見ると忍びない、見なければ何もないのと同じ。おせっかいと思われても人助けしてしまうのがテレビマンの性質だと思うのだが、それとは背反する冷たい組織人が作られていた。旅人は、報道の仲間たちが外部スタッフにタクシーチケットを内緒で渡していたことにささやかな救いを感じるのだった。

「うち」と「そと」。「セシウムさん事件」は、「うち」の苛烈な仕事を強いながら、意識のうえでは外部スタッフを「そと」に押し出し続けた組織に鬼が現れた、私はそう思った。

取材対象は「うち」の人々

「弁当のゴハンが、黄色かったですよ」

事件後の騒然とした「うち」の会社。そのエレベーターの中で、古参の外部スタッフが私に耳打ちした。「えっ。黄色いゴハン……。サフランじゃないのか」と冗談で返してみたが、「古古古古古米……。古くなればコメは黄色くなるんです！　僕らは家畜じゃない」。彼は真顔だった。

究極のスタッフ弁当を食わせた鬼は一体誰だったのか。

「テレビ絶望工場」。ムカムカして、私は咄嗟《とっさ》にタイトルに変換した。そして、「うち」と言って憚《はばか》らない組織の戦士たちはこの事態をどう思っていたのか。腹が立って腹が立って、呆れるほど酒を呑んだ。

時代は繰り返す。今また、コロナショック後のテレビの行方が問われている。私は、同じ轍《てつ》を踏まないことを祈っている。どんなに経営的に苦しくなっても、「個人」より「組織」、「社会」より「会社」などと視野狭窄《きょうさく》に導かない、それが間違わない方法だ。

「セシウムさん問題の検証番組をスピンオフ・ドキュメンタリーでやってみてください」

そうアドバイスをくれる大学の先生がいた。自分の土俵で思う存分に相撲を取ってみてはどうかというのだが、私はすごく嫌だった。

このスピンオフ話から自分を逃がそうと、呆れるほど酒を呑んだ。しかし、私の夢の中に、焼け焦げたような臭いとともに、スピンオフのタイヤ痕が現れるようになった。「セシウムさん事件」を考えると、内臓が捩《よじ》れて苦しくなり、原因不明の病を発症した。そして、思ってもみなかった自分を発見した。私は旅人などではない、会社に根が生えてしまった組織の「生え付き」だったのだ。

時が流れ、組織にとって不祥事が遠い歴史になりかけた頃、『さよならテレビ』という番組を制作した。紛《まご》うことなき「セシウムさん事件」のスピンオフだ。この番組が巻き起こす波紋を、私は予測できなかった。取材中から対象への畏れが胸にざわざわ押し寄せる。これまでの番組制作でも味わってきたことだ。ただ、『さよならテレビ』には、今までと明らかに違うことがあった。それは、畏れを持つ取材対象が、今回は「うち」の人々なのだ。

取材対象になるということ

「さよならテレビ、だね。それは……」

二〇一六年、土方宏史《ひじかたこうじ》ディレクターが、番組の企画書を持ってきた。見出しに、「テレビの今」と大きく書いてあったが、「さよならテレビ」という言葉が私の口から漏れた。

しかし、何に「さよなら」なのか、どのように「さよなら」なのか、全く考えてもいない思いつきだった。ただ、その冗談のような言葉に、土方は素っ頓狂な声で賛同を表明した。その時、彼が何に賛同したのか気にも留めなかったが、「さよならテレビ」は、そのままタイトルとなって独り歩きを始めた。

カメラマンは、中根芳樹。通常はスタッフワークの幅を広げるために、前作とは別のカメラマンと組ませるのだが、今回は『ホームレス理事長』(二〇一四)、『ヤクザと憲法』(二〇一六) に続いて同じコンビネーションにした。厳しい局面を二人で乗り越えてきた経験が、この取材には必要だと直感したからだ。

取材は、すぐに始まった。そのスタートの仕方は、番組冒頭に描かれている。夕方のワイドニュースが終わった後の報道局。編集長が仕切る反省会。配られた企画書を土方ディレクターがマイクで説明を始める。和気あいあいとした雰囲気のなかで「他局も取材するんですか」という質問が出る。なぜだか、局内に笑いが漏れる。あとは意見も発言もない。

いつも取材をする側にいるから、逆に取材されることに対して寛容なのだと感心した。

それから、私はスタッフを放置した。会社に出勤すると毎日のように報道局の入り口にカメラが構えている。そのカメラをどうしていいのか、私は戸惑った。ある時は、レンズを避けるため腰を折って歩いたり、ある時は「ボクにインタビューしないの〜」と話しかけたり、果ては変なオジサンの声色で「誰か来るんですかぁ〜」と訊いた。

「うち」と「そと」。「旅人」と「住人」。「生え付き」と「よそもの」。スタッフの一員であり、取材対象の一人でもあるという立場が、こんなにも気持ちを不安定にさせるものなのかと思い知らされた。

私は、この戸惑いが何に依るものかを考え続けた。同僚たちに面倒なことを強いていることが忍びないという心苦しさであったり、面倒な奴らと取材スタッフが同僚たちの厳しい視線に晒されていることが耐えられなかったり、毎回、戸惑いの理由は変わった。

それでも、変わらない考えがあった。テレビマンは、取材相手に及ぼす不安を、今回の体験をもとに再確認してほしいということ。そして、もう一つ。それは、この番組で身内だからといって少しでも手加減したら、何の意味もなくなる。それどころか、二度とドキュメンタリーに関わることができなくなるという思いだった。

裸になっての自己検証

スタートはよかったのだが、撮影はすぐさまストップした。日に日に同僚たちの態度が、冷たくなっていった。そうして、取材拒否となった。「どうせミスするところを撮りたいんだろ」「面白おかしく我々を晒しものにするつもりなんだろ」。取材者と取材対象としては、超えていかなくてはならない大きな山場だった。

このドキュメンタリーには締め切りがない。待てることが強みなのだが、仲間との敵対関係で、スタッフは子鹿のように意気消沈していた。説明が足りないという助言もあったが、行き着く先を想定していないこの取材をどう話したら理解してもらえるのだろうか。むしろ混沌の中に分け入る大胆さがこの企画にはふさわしいと思うのだった。

撮影の中断は二ヵ月に及んだ。何が問題だったのか……。最後までジクジクしたのは、撮影済みの映像の取り扱いだった。そこには、苛立ちを隠せないデスクたちの姿が映っていた。

時間に追われ、真剣に仕事をしているのだから、出来の悪い部下を激しく叱ることもある。また、カメラという異物に邪魔だと怒鳴ることもあるだろうし、映されたくなければ反論するのも当然だ。それこそが、テレビの報道現場だ。感情を露《あら》わにした姿を晒されるのを避けたいというのもわかるが、曖昧だったとはいえ同意したから撮影が始まったわけで、収録済みの映像をなかったことにするという条件を呑むわけにはいかない。

ここを間違うと、取材者と取材対象者のバランスが崩れ、いくらでも塗り替えのできる番組に堕落していく。遠慮と気配りに彩られた凡庸なメディアリテラシーへの危険な入り口だ。

メディアリテラシー。これまでにメディアの読み解き方というテーマで作られたテレビ番組はたくさんあった。ニュースは、こうしてできますとか、記者はこんなふうに取材してますとか通り一遍で、最後はきれいごとで終わる。「マスゴミ」などと口汚く罵《ののし》られていることへ真正面から応えるようなものは観たことがない。それは、テレビの本当の姿を伝えるものではなく、時代遅れの幻想をリフレインするだけの「ハウトゥ・ニュース」「ハウトゥ・テレビ」をメディアリテラシー番組だと逃げてきただけだ。裸になって自己検証を試みる、それがこの企画の抜き差しならない根っ子だ。

「覆面座談会」で外れたモザイク

「マイクは机に置かない」「撮影は許可を取る」「放送前に試写を行う」。収録済みの映像の扱いは曖昧のまま、三つのことを取り決めて、取材は再スタートすることになった。

カメラは、デスク周辺を群像として描きながら、三人のスタッフに集中していく。「セシウムさん事件」を起こした当該番組で司会を担当していたニュースキャスター、地元経済紙の記者の経験を持つベテランの外部スタッフ、そして、派遣会社から配属された若手記者。三人の職場での様子と取材現場などを撮影することで、テレビ局に留まらず、この国の労働環境や階層社会が浮かび上がっていく。そして、報道現場が過剰なほど視聴率競争に追われ、そこで苦闘するテレビマンの生の姿が映し出されていく。

そんな折、映像の編集作業が徹夜になり、放送寸前までずれ込んだニュース企画があった。「働き方改革についての覆面座談会」というその日のメインニュースだった。複数の職種の出演者が、職場を赤裸々に語るのだが、モザイクを顔にかける作業に手間取った。飛び乗るようにVTRを生放送に載せたのだが、どうしたことかモザイクが一部外れていた。

「放送事故！」と叫ぶ者、「BPO、BPO」と連呼する者、局内は騒然となった。

テレビの現場では、BPO（放送倫理・番組向上機構）を脅威と感じている。番組の中で、放送倫理を逸脱したり、人権を踏みにじったりしなければ、何の問題もないのだが、思わぬ事態はあるものだ。番組に問題があったと、BPOに持ち込まれて審議対象となり、注意、勧告、公表などが行われることは、信頼・信用を旨とする放送局には重大問題だ。これは、放送が自律的に運営され、政治権力の不当な介入を防ぐために第三者機関として設立されたのだが、番組表現を取り締まる厄介な組織だと思っているテレビマンが多い。

「お約束と違う映像が流れました。失礼しました」と、放送の中で速やかに謝り、出演者のもとに足を運び、BPOにも報告し、報道部長が事態を収拾させた。しばらくすると、そのニュースを担当した編集マンが沈痛な面持ちで、私の席にやってきた。

「すみません。番組から降ろしてください……」

私は、『さよならテレビ』に、その編集マンを指名していた。編集の高見順は、シャイで物静かだが、粘り強い。『ホームレス理事長』などでその力を発揮していた。机の前でうなだれている彼に、私は言った。

「放送で重大なミスを犯した自分をドキュメンタリーに織り込まざるを得ない。そういう君にしか、この仕事はできない」

取材スタッフは、まるで放送事故が起きることを予知していたかのように、徹夜で編集している彼を撮影していた。編集マンの高見は、自分が失敗する映像と向き合うとは思ってもみなかっただろう。しかし、その痛い映像を幾度もモニターし、編集しなくてはならない。ディレクターが、このシーンを使うと言った時、内臓が捩れそうになりながら、編集マンは、対象化しなくてはならないのだ。そして、ディレクターもまた、目の前で編集マンの傷口にグリグリと塩をすり込むことになる。編集の個室で、二人きりの難行を超えていかなくてはならない。

身内だからこそ手加減をしない。『さよならテレビ』の譲れない一線のストッパーを、編集マンが担うことになったと思った。なんて、辛辣《しんらつ》な……。これも、ドキュメンタリーの神様の為せる業なのだろうか。

「密着」と「寄り添う」

ドキュメンタリーの制作者が、よく使う言葉がある。「密着」と「寄り添う」だ。「寄り添う」は、二〇〇〇年代に入って番組冒頭のナレーションに使われ始めた。たとえば、「〇〇さんの一年に寄り添いました」。私も使ったことがあるが、ちょっと気色悪い。「密着」が、やや暴力的で暑苦しいのに対して、ソフトで優しい「寄り添う」へと変わってきたのだが、テレビと視聴者、取材者と取材対象者、その関係性の変容がよく表れている。言い換えるなら、「空気」「忖度《そんたく》」「共感」「同調圧力」と社会が同質性へと傾斜していけばいくほど、「寄り添う」ドキュメンタリーが増えているのではないか。しかし、取材とは、そんなお優しいものなのだろうか……。

『さよならテレビ』は、取り決めた通りに放送三日前に局内で試写会を開くことにした。試写が終わると、すぐに散会を告げた。編集し直すことを考えていない以上、その場で意見や感想を聞きたくないと思ったのだ。そもそも、取材対象に放送前に番組を観せることは禁じ手だ。これは、局内で完成披露をしたにすぎないのだ。

一本道を突っ切るような頑なさを外に見せながら、心の内で考えていたことがある。それは、もし放送後に東海テレビという組織が社会の批判の矢面に立たされた時のことだ。

私は土方宏史ディレクターとともに会社を去ると決めていた。

『さよならテレビ』は、日曜の午後に「東海テレビ開局六十周年記念番組」として放送した。

「華やかな世界と思っていたけど、私の会社と変わらないのですね」

「いろいろ難しいことがある中を、報道のみなさんの一生懸命な姿を見られてよかった」

「何が言いたいのかわからない」

番組を観た地域の人たちの反応は、概ね好意的だった。やはりちゃんと伝わるのだと安堵した。これは、地域と私たちのドキュメンタリーが、成熟した関係であることを示していると思った。それにしても反響としては、やや薄いと思った。もしかしたら、テレビという存在そのものが、もうとっくに見放されてしまったのではないか、そんな不安に駆られた。

ローカルでの放送だったが、一週間もするとネット上にさまざまな意見が載り、新聞や週刊誌が取り上げ始めた。ローカル番組なのに不思議な現象だった。通常は、番組の告知として新聞にちょっと扱ってもらう程度なのだが、放送後に記事が連打されることになった。また同時に、全国の放送関係者から「番組のＤＶＤが欲しい」と私やスタッフへ引っ切りなしに連絡が入った。他系列の名古屋局から取り寄せたオンエア同録を観たという感想も寄せられた。この事態を「裏ビデオのように流通している」とネット上に書いた人がいたので、「もうちょっと上品に『密造酒のように』と言ってほしい」とお願いした。

「表現のために仲間を売った」

朝、起きて顔を洗い、鏡を見る。そこには、裏切り者が浮かんでいる。

取材対象のなかに放送後もずっと身を置き続ける。そんな体験を持つテレビマンは、いないだろう。当初、「半年は厳しい視線を浴びるぞ」とスタッフに言っていたが、『さよならテレビ』は一年以上も針の筵《むしろ》が続いた。私も、一時は出社できないような精神状態になったのだから、番組の後、ニュースデスクに戻ったディレクターの土方の心中は計り知れない。

波風を立てて初めてドキュメンタリーだ、などと言ってはいられない職場の状態を見かねて、報道部長が社内で番組についてのティーチ・インを開こうと提案した。

全ての社員に参加を呼びかけた会には、若手から役員まで、ほとんどの部署から約八〇人が参加した。スタッフ七人が、参加者と向き合う形で座り、意見交換が始まった。

その時の議事録……。「報道の苦悩を新鮮に見た」「弱さの持つ力を知った」「これが東海テレビの真の姿か」「制作者の奢《おご》りだ」「表現のために仲間を売った」「会社のイメージを棄損した」……。賛意を示す意見は少数で、否定的な発言が大勢を占めた。

私が思っていたことは、局員の感情的な問題より、このまま地上波ローカルの東海テレビが存続できるかということだった。一本の番組で集会が開かれるのは『ぴーかんテレビ』以来のことで、建設的な方向に進んでほしいと願ったが、『さよならテレビ』に映し出された仲間への同情や番組への怒りが充満して、テレビの未来を語り合うような場に発展することはなかった。

ティーチ・インのなかで、幾度も使われた言葉がある。「切り取る」だ。マイナスイメージを都合よく切り取って番組にしたものが『さよならテレビ』だという非難だった。「切り取る」という行為を疑いもなく悪行として批判するのだが、取材とは、撮影とは、構成とは、編集とは、そしてテレビとは何か、そうした問いを繰り返してこなかったテレビマンが、「ネトウヨ」が流行らせた用語に乗っかっているようで、残念至極だった。

ティーチ・インの後、いくつかメールが寄せられた。「あの番組を面白いと言えない会社が怖ろしい」「会社への危機感がひしひし伝わってきた。応援してます」。隠れキリシタンがかなりいた。

傷を、どう診てどう処置するかで、命の先行きが決まる。傷と認識せずに放っておいたために死ぬことだってある。認識の相違だなどと放置していられるほど、いまのテレビの傷は浅いのだろうか。

未来のテレビマンに託すために

放送から一年半、『さよならテレビ』の映画公開を目指して、ゆっくり準備を進めていた。

実際には、映画版の編集を終えて、映画化を会社に提案するタイミングを計っていたのだが、その機会がなかなか訪れない。テレビドキュメンタリーのコンクールで賞に輝くなどをきっかけに、「ほら、評価に値する番組なんだよ」と一気に映画化に進みたいと考えていたのだが、エントリーしたコンクールの落選が続いていた。

こうなると、『さよならテレビ』が、この時代にそぐわなかったのかと疑心暗鬼になるのだが、映画界の反応は、そうではなかった。「御社で予算を確保できないのでしたら、お金を出しますので、一緒に映画化しませんか」。配給などの費用を負担するから映画化を考えてほしいという連絡が入るのだった。しかし、東海テレビの製作・配給、東風《とうふう》の宣伝・配給協力というこれまでの座組みを変えるつもりはなかった。何より、社内がもう少し冷静に番組を評価し、自信をもって映画化できることを願っていた。しかし、ここがラストチャンスだった。日本民間放送連盟賞の地区予選での高評価をバネに、経営トップと話して映画化の同意を得ることにしたのだ。

「あぶちゃん、東海テレビに愛はあるのかい？」

「もちろんです。気持ちがなければ、こんな番組は作れません」

「わかった」

　これ以前に、経営トップとは、『さよならテレビ』について数回やりとりがあった。初回は、放送直後で、「ある人に番組に対してガバナンスが利いているのかと言われたよ」だった。少々渋い顔をしていた。これまでドキュメンタリーについて、会社の幹部たちは意見を述べることがほとんどなかった。それが、今回は異例の事態だった。勢いづいて批判の矢を向けてきた理由は、トップのこの発言に由来していると思った。二回目は、こうだった。「信頼しているスタッフの番組に、経営がガバナンスを利かせないことのほうが、放送局の最も高度なガバナンスだと思う」。私は、この経営トップの言葉を聞いて、胸が熱くなった。他局の経営者から、決して良いことを言われているわけではあるまい。それなのに、揺るぎない信頼をスタッフに置いている。私たちのドキュメンタリーの質と自由度を守る最後の砦は、この経営トップだと思っている。

　それなりの葛藤を経たが、さまざまな意見を呑み込んで、『さよならテレビ』は映画化への道が開かれた。東海テレビとは、そんなふうに懐の深い放送局だ。

　二〇二〇年一月二日、ロードショー開始。映画館は立ち見が出た。全国へと回り、観客動員二万五〇〇〇人を超えたところで、『さよならテレビ』は、コロナの渦に巻き込まれていった。

『さよならテレビ』は、今も続いている騒動だ。この先、テレビのことを考えるたびに、私は胸の中で治まらないうねりとともに『さよならテレビ』を感じるのだろう。その騒動の途上で発せられた二つの発語が忘れられない。「会社のイメージを棄損した」という「うち」への誇りから発せられた怒り。そして、経営トップの信頼関係に裏打ちされた、管理よりも制作環境の自由度を高めようとするメッセージだ。

痩せていくテレビという表現空間……。しかし、表現することに正直なスタッフに恵まれて、私はドキュメンタリーに集中することが許されている。どれも、全国放送などにはならず、今のテレビ界からはみ出してしまっているようだが、お蔭で、映画の世界へ表現の翼を広げることができている。いつも思っていることは同じだ。作りたいように作る、その延長上で、同時代の、地域の人たちと共有できるものに辿り着きたい。

十年後、二十年後、三十年後、『さよならテレビ』は、どう解釈されているだろうか。そして、テレビは、その時どうなっているだろうか。現在の、そして未来のテレビマンに託すつもりで、この作品は送り出した。地上波テレビが、何より面白いと言われ続けるために……。

第2章
大事なのは、誰と仕事をするか

『人生フルーツ』より

『人生フルーツ』（二〇一七）

多くの放送人が忘れていること

地下鉄に乗る。始発駅なのでいつも座れるが、それどころか、今日は一車両に乗客がひとりふたりしか乗っていない。プラットホームから静かに離れていく。車両が軽いせいか、妙にガタゴト響く。連結部分のドアは全開で、線路のカーブが新鮮に見える。駅で停車する。数人乗ってくる。しかし、いつまで経っても、人の話し声はしない。はて、この光景、どこかで見たことがあるような……。んー。頭の中を探る。記憶の襞《ひだ》には何も引っかかっていない。

目の前に漢字四文字が閃《ひらめ》く。「未・来・都・市」。ウイルスに支配された街。電気がショートしたように閃いた四文字にハッとする。新型コロナ以後の世界は、今までの延長上ではあり得ない。必ず、違う未来になる。その時、私は、社会は、そしてテレビは、どんな姿になっているのだろう……。

自分が感染してはいまいか、スタッフが取材対象に感染させることはないか。ソーシャル・ディスタンスだ、命の問題だ……。ウイルスが跋扈するなかで、人に近づいていく取

『人生フルーツ』（2016年３月放送、17年１月ロードショー）

愛知県春日井市ニュータウンの一隅。60年連れ添ってきた老夫婦が暮らしている。90歳の建築家・津端修一さんと妻の英子さん。カメラは、キッチンガーデンで穫れる作物と二人の暮らしぶりを見つめる。二人の来し方と暮らしから、この国がいつの間にか諦めてしまった本当の豊かさへの深い思索の旅がはじまる。東海テレビドキュメンタリー劇場第10弾。

〈キネマ旬報文化映画１位、文化庁映画賞、高崎映画祭ホリゾント賞、日本放送文化大賞、日本民間放送連盟賞、放送文化基金賞、「地方の時代」映像祭賞〉

ナレーション：樹木希林／プロデューサー：阿武野勝彦／監督：伏原健之
撮影：村田敦崇／編集：奥田繁／音楽：村井秀清／音楽プロデューサー：岡田こずえ
効果：久保田吉根／VE：伊藤紀明／TK：須田麻記子／宣伝・配給協力：東風

材をどう展開したらいいのか。カメラを回していると、「自粛しろよ」という視線が棘《とげ》のように刺さる。今はもう、知り合いのいる山や海へ取材に分け入ることも憚られる。

ドキュメンタリーは、現在を映し撮るものだ。映し出された映像は、作品になった時、過去の出来事になっている。だが、過去だから意味がないわけではない。過去のカケラを集めながら、構成・編集という解釈を加え、じっと未来を見据えようとする、それがドキュメンタリーだ。しかし、前代未聞の取材・撮影の困難さの中で、今のカケラをどのように集めたらいいのだろう。私は現場で迷っている。

この原稿を書いている、二〇二〇年四月下旬。放送界もコロナ禍の真っ只中にある。現場スタッフ、そして、その家族への感染の連鎖も報じられ、また、市中では経路不明の罹患も増加し、誰がどこで感染してもおかしくない状況だ。

テレビの現場は、危険と隣り合わせだ。記者、カメラマン、音声マン、リポーターたちは、現場で不特定多数の人々と触れ合う。インフルエンザの季節、スタッフでタクシーに乗り合わせ幾度か感染した経験がある。誰のせいでもない、仕方のないことだ。ウイルスに限らず、私たちの取材は、対象に精神的なダメージを与えてしまう危険すらある。また同じように、こちらが取材対象から深い傷を負うこともある。

テレビ局は「安心・安全」を掲げて構成員を守ろうとする。組織としては至極当然のことだが、現場から危険性を一〇〇%除去することなどできはしない。取材とは、テレビの仕事とは、そういうものだ。

現場の意識としては当たり前のことだが、多くの放送人は、このことを忘れている。

十年前のこと。放射能という見えないものを相手に、当時の映像部長は苦悩していた。私は、彼がそこまで苦しんでいることを知らなかった。そして、しばらくして、彼は会社を去った。

「若いカメラマンをフクシマに出すことができなくて第一陣で自分が行くことにしました。それを、スタンド・プレーのように……」

何とか慰留しようと酒を呑んだ夜、彼はそう言って嗚咽《おえつ》した。

「会社は……、現場でどんな……。もう耐えられません……」

フクシマ取材の後も、黙々と仕事を続けていたが、彼の心の中で組織への不信は取り返しようがないものになってしまっていた。

コロナのあとさき……。誰かの、どこかの会社の、これから先の何かのヒントになってくれたらと願って書き進める。

作品に投影される制作者の生身の姿

二〇一三年十二月。記者たちは取材で出払い、ニュースデスクは原稿チェックと電話応対、タイムキーパー（ＴＫ）は読書で英気を養っている。報道局の平和な昼下がりだ。ディレクターの伏原健之《ふしはらけんし》が頭を掻《か》きながら、私の机の前にやってくる。

映画『神宮希林』（二〇一四）も一段落、次に取り組む題材を考えているようだったので、だいたい話の方向は想像がつく。そうして、愛知県春日井市の団地に住む老夫婦の話が始まった。津端修一さんと英子さんのことだ。東海テレビの発注で制作会社が取材したことがあるが、その時ちょっとした行き違いがあったとか、話は行きつ戻りつ……。

はて、取材したいのかそうじゃないのか、いつになくグジュグジュした物言いだ。青竹を割ったようなとは真逆の、瓶の中の蜂蜜を匙《さじ》で掻き回すような感じだ。津端さん夫婦はキッチンガーデンをやっていて、夫は住んでいる高蔵寺ニュータウンの設計者、妻は料理番組で取り上げられるほどの腕前で、二人には著作もある。そして、取材するには、かなりの紆余曲折が必然、終わりなきグジュグジュな話……。

私は、記憶の戸棚への仕舞い方を考え始めていた。しかし、伏原とは『とうちゃんはエジソン』(二〇〇三)以来の付き合いだし、充満し始めた嫌気を吹っ切って、きっぱり尋ねることにした。

「で……?」

「これは、津端さんからです」

と、目の前にハガキを差し出した。もう、下取材にお宅を訪ねました、そういう答えだ。ハガキは、特徴のある文字だった。ちょっと左右に傾けてみた。読みやすくなるかと思ったが、手ごわい。一応解読した後、もう一度、尋ねた。

「で……?」

「あっ。は、はい……」

伏原は、亡くなった自分の父に修一さんが重なるというようなことを言った。その話だけが、私の胸にストンと収まった。私にも亡き祖母に捧げるという気持ちで作ったドキュメンタリーがあるし、独身のまま四十代の後半に入る制作者が、老夫婦の来し方に何かを感じたい、これから生きていく道筋をこの取材を通して確認できたらと思っているのかもしれないと想像した。

彼の経験と組織での位置取りを考えると、この番組は失敗できないというプレッシャーを感じているのかもしれない、この題材で大丈夫なのか。きっと胸の内を率直に話していたら、グジュグジュになってしまったのだ。

ドキュメンタリーには、他者を題材にしながら今の自分を表現するという側面がある。言い換えると、作品には必ず制作者の生身の姿が投影するものだ。今回は、伏原の何が映り込むことになるのだろうかと考えた。制作の途上で何か見えない力によって、この取材対象に導かれたのではないかと感じた時、表現は自分の力をはるかに超えるものになる。津端さんご夫婦との出会いが、そうなってほしいと願った。

年が明けると、戦後七十年という節目の年が待っていた。私は、その年にふさわしい番組になるようにしてほしいとだけ言った。戦争の被害と加害にとらわれず、修一さんが建築家として見渡してきた戦後を、丁寧に振り返ることで、今の、この国のありようを考える機会になる表現にしたいと思った。

土が肥えれば、果実が実る

放送界ではプロデューサーを「P」といい、ディレクターを「D」という。一般の人も「D」はある程度イメージできるが、ローカル局の、しかもドキュメンタリーの「P」の仕事は、どういうものかわからないと思う。

たとえば、最も大事な取材対象との関係は、現場を取り仕切る「D」が把握し、作品はとどのつまり「D」のものだ。では、「P」は何をするのか。東海テレビでは、長い間、部長という職制をエンドロールに「P」として表示していた。

私が「D」だった時、番組に何の情熱もない人の名前を刻むのがとても嫌だった。今、思い返してみれば、無関心、無関与というのは、最初から最後まで好きなように作らせてもらえるのだから、それはそれでよかったような気がしている。しかし、若い頃はそんなふうに思えず、予算のことばかりこまごま指摘する部長の名前、つまり「P」を、他のスタッフの名前から離し、☆印で区切ったことさえあった。

しかし、時代は変わった。プライバシーの進展とともに、取材ではトラブルが増え、番組を制作する際の交渉も契約社会となった。また、縦割り化した組織での折衝など、煩雑なことが増えるばかりで、ドキュメンタリーも一人の職人仕事から家内制手工業ぐらいへと変わらなくてはならなくなった。表現を深め、広げていくためには、チームが必要だと痛感していた。

私もひょんなことからテレビの営業部門で三年を暮らし、民間放送の仕組みを学び、五十歳近くとなり、私なりの「P」になってドキュメンタリーに関わることができるのではないかと思った。たとえば状況に応じたスタッフを組んで「D」をサポートし、番組の道筋を考え、音楽をオリジナルで制作し、映画化を企画してみたり、また、時にはスポンサーを見つけに歩いたりもする、いわば一作一作、独自の「P」を模索してきた。

そのうち、原稿が苦手な「D」もいれば、映像の解釈が不得手な「D」もいる、取材がイマイチな「D」だっていることも体験として知ることになった。スタッフの長所を生かしながら、取材、編集、構成など関わり方を変えることができる、伸び縮みの利くパンツのゴムみたいなイメージが理想だと思った。

この作品はというと、取材の入り口で津端家にご挨拶に伺い、取材中はスタッフを放置し、映像の第一稿ができたところで編集室でモニターし、労《ねぎら》いながらあまり多くない注文をつけ、スポンサーを探しに外に出た。

そして、第二稿、第三稿と進めながら、建築家としての修一さんとニュータウンの雑木林をしっかり描くこと、割れた小鳥たちの水盤がどうなっているかを尋ね、修理して直っているならその水盤が置かれているところをラストシーンにしたらいいとアドバイスした。ナレーターは樹木希林さんにお願いすると、これは有無を言わさず、ナレーションは呪文のようなものにしようと言って、落葉帰根という自然の循環をヘタな詩にしてみせた。
そうして、最後に残ったのはこの作品のタイトルだった。

タイトルをめぐるあがき

枯葉を集め、コンポストに入れて発酵させる。そうして堆肥《たいひ》になったものを、せっせと畑の土に混ぜる。『人生フルーツ』の主人公、津端修一さん・英子さん夫婦が、土を育む姿だ。

津端邸の前に、大きな公園がある。その公園を木々が囲み、心地よい日陰を作っている。落葉の季節。サラサラと音が聞こえてきそうなシーンが映像に記録されていた。落葉と老夫婦、そして畑仕事の日々が重なって、一つの詩が思い浮かんだ。

「風が吹けば枯葉が落ちる。枯葉が落ちれば土が肥える。土が肥えれば果実が実る」

肥えた土だからこそ、豊かな作物が育つ。人間が自然の一部であることを知る夫婦ならではの暮らしだ。顧みると、私たちは、生産よりも売買が上位であるかのような社会を作ってしまった。農と商が逆転した消費社会だ。それは、理想より取引、という精神構造へと人々を変えてしまう。英子さんの言葉を思い出す。

「お金は使ってしまえばなくなるけど、土は耕していれば、残せる」

GDP世界第三位という経済大国。コロナに揺さぶられてみたら、「明日から路頭に迷う」と悲痛な声が上がるという面妖……。変わるものと変わらないもの、そして、変えなくてはいけないもの……。どう生きていったらいいのか、その大切な道標のように、修一さんと英子さんの暮らし方が教えてくれると、私は思っている。

『人生フルーツ』というタイトルは、制作スタッフにも、映画関係者にも評判がよくなかった。その世界では手練《てだ》れの者たちの直感だからと悪評を受け止めて、ないアタマを絞って、いくつも別案を考えた。

ドキュメンタリーを作る際、映像の完成は放送のだいたい二週間前をデッドラインにしている。そのあとに、字幕入れ、ナレーション撮り、音楽やノイズなどの音響制作へと移るのだが、『人生フルーツ』は、映像編集がほぼ終わったところで、タイトルがまだ決まっていなかった。あまり珍しいことではないが、日一日と放送日が近づいているので、気が気ではない。今回は、伏原ディレクターに命名してほしいと思っていた。そうして、待って待って、待ちくたびれてしまった。まるで「子どもの名づけ親になって」と頼まれている爺さまになってしまったのではないかと思うほどだった。

だが、もう数日で、樹木希林さんがナレーションのために名古屋にやってくる。そこで、「実は、タイトル、まだ決まっていないんです」なんて言おうものなら、「じゃ、つけてあげる」なんて、面白がられてとんでもないことになったら、どうしよう。そもそも、題名で迷っているということは、表現が追い込めていない証だ。ナレーション前に、最後の芳醇な一滴を絞り切らなくてはならない。

編集室には、ディレクターが考えたタイトルがペタペタ貼り出されていた。私も、アイデアを口にし始めた。しかし、どれもこれも、しっくりこない。修一さんと英子さんの九十年に及ぶ人生を一語二語で括《くく》るというのは、実際難儀なことだ。だが、無題というわけにはいかない。タイトルは、長く取材に応えてくれたことへのお礼でもある。

珍妙なあがきとでも言おうか、私には番組制作の終盤に繰り返す習慣がある。紙とペンを枕元に置いて、思いついたタイトルを書きつけるのだ。朝起きると、クネクネした判読不明の文字があって苦笑するのが関の山だが、この習慣はやめられない。通勤の地下鉄やバスの中でも思案は続き、ガバッとカバンを開いて、手帳を取り出し、ザザッと書く。「イッちゃってない!?　このおじさん……」。そんな視線を感じるが、これもやめられない。

風呂に浸かっている時のことだった。目を閉じて、映像の流れを反芻《はんすう》していた。と、プカーッと浮かんだ。急いで、湯気に煙った鏡に、指でタイトルを書く。文字が、涙のように流れる。たったの六文字なのに、いま書きつけておかないとなくなってしまいそうで、濡れた身体のまま爪先立ちで居間に走り、テーブルの上の広告に書き留めた。

「人生フルーツ」

次の日、筆で大きく白い紙に清書して、スタッフに見せた。

「どうだ!」

ポカーン……。

自信作だった。スタッフのあまりの態度に、傷ついた。それから、息子の結婚問題でガタガタしている家の中で、再び出口の見えないトンネルに入ってタイトルを考え続けた。土日を挟んで、編集室に別案を持っていくと、季節の野菜だった映像が、季節のフルーツのカットに差し替えられていた。

「あれから話し合って、深いなぁってことになって……」

タイトルは戒名に似ている

静岡県伊東市の海上山朝光寺。私の実家は相模湾を望む山の中腹にある。寺の息子に生まれた生きづらさに子どもの頃はずいぶん苦しんだが、年齢とともに他の家庭ではとても見られないものに立ち合ってきたという解釈ができるようになっていった。歳をとるというのは、悪いことばかりではない。

たとえば、戒名をつける僧侶の姿、なかなか見られるものではない。戒名は仏様の弟子になる時にいただく印。あの世での名前でもあり、死出の旅に大切なものだ。父である先代住職は、故人が現世で何をしていたか、どんな人だったかを戒名に盛り込んでいた。周りを明るくしていた干物屋さんに、「明朗院〇〇〇居士」など……。考えあぐねるような様子はなく、当意即妙という感じだった。

現住職の長兄に聞くと、お通夜で戒名の謂《いわ》れを話すと、ご遺族が涙を流すこともあるし、別の寺院でつけられた戒名が酷く、こちらの檀家にしてほしいと懇願されることもあるという。抹香《まっこう》臭い話が続くが、私も沙弥《しゃみ》という僧籍を持つ身なので、ご容赦いただきたい。

ドキュメンタリーは、たくさんの人の手を煩わせて形になる。テレビやスクリーンに映し出された瞬間、制作者はどんなにあがいても、どうすることもできないものになる。いわば、作品は、俗世を離れて異界へと旅立つ。別世界へとドキュメンタリーを送るその時、どんな名前がふさわしいのか。タイトルは、戒名に似ている。制作者と取材対象、そして作品を観る人と時代、そうした関係性を考え、旅立ちに華を添える。簡素な語彙で、しかも膨らみのある戒名、いや、タイトルが最良だと思っている。

現実が大きく展開するとき

このドキュメンタリーを作っている時、私は五十八歳だった。この歳まで現場にいるとは思っていなかったが、還暦への最後の坂道だった。振り返ると、ある時は小さな会社でも人並みに出世をして、老後を楽に過ごしたいなどと上昇志向にまみれそうになったこともあるが、その都度、組織の中で事件が起きて、現場に執着することになった。

しかし、定年まであとわずかを残し、再び生き方を考える時が来た。一つは引退のタイミングだ。長居して後輩の邪魔をしたくないが、潔く退職したとしてもその後の見通しがあるわけでもない。坂の途上は、かなりグジュグジュしていた。ただ、次の世代にちゃんとバトンを渡そうと、小さな嫉妬と大きな継承を意識してきた十年は、それほど間違っていないと思っていた。

ドキュメンタリー制作の後継に、一世代下の伏原を指名して、制作部で生放送番組の担当をしていた彼を無理矢理引き抜いたのも、そのためだった。しかし、なかなか計画通りにはいかない。小さな組織でも、思わぬことが起こり、人の気持ちはままならない。そんないろいろのせいで、伏原ディレクターは取材の途上でニュースの編集長という机から離れられない仕事を担うことになり、また、重責の途中で再びドキュメンタリーに戻ることになった。

『人生フルーツ』の取材期間は二年を超えたが、表現を高めるためだけに延ばしたわけではない。不可抗力というか、あれよあれよと取材が続いてしまい、戦後七十年という節目の放送を逸し、そして、主人公の修一さんがあの世に旅立つ、その時に立ち合うことになる。

二〇一五年六月。私は、土砂降りの鹿児島、『戦後70年 樹木希林ドキュメンタリーの旅』のロケを終え、ホテルへ戻るワンボックスカーの中だった。知覧の特攻平和会館の重い空気がまだ車中に充満していた。私の携帯が振動する。名古屋からだ。動揺がわかるような声だった。

「津端さんが、亡くなりました」

「そうか。お父さん？　お母さん？……」

「あっ、修一さんです……」

妙に間の空く会話の中で、昼寝に行ったまま修一さんが起きてこなかったということがわかった。敬愛していた実父を亡くした息子からの電話のようだと思った。訃報を受ける私も身内のような心持ちだったが、車窓の強い雨に目をやりながら、冷徹に言うことにした。

「亡骸《なきがら》を、葬式を、焼き場を、全部撮影させてもらえるか……」

「はい。お願いして、お許しをいただきました」

グジュグジュしたところはあるが、それは粘り強さでもある。伏原の真骨頂だと思った。そして、突然の夫の旅立ちに、いつものように取材を続けるように計らってくれた英子さんのことを、思った。一生モノと言っていいだろう。取材者と取材対象者の間に、言葉では言い表せない関係ができることがある。伏原が編集長だった一年、撮影に通い続け、電化製品の修理までお願いされていたカメラマンの村田敦崇の献身的な姿勢があってこそ、この関係ができたことは間違いない。

窓の外。いつの間にか雨はやんでいた。夕暮れの錦江湾を眺めながら、「またしても、お出ましだ」と思った。作品をコツコツ拵《こしら》えていると、目に見えない何かがフッと降りてきて、現実が大きく展開する。まるで、ドキュメンタリーの神様がいるかのように……。

豊かな死の手触り

『人生フルーツ』の主人公・津端修一さんの訃報に触れた夜、私は別のドキュメンタリーのワンシーンを思った。東海テレビドキュメンタリー劇場第九弾『ふたりの死刑囚』(二〇一五)。一九六一年に発生した名張毒ぶどう酒事件を追ったこの作品には死刑囚だった奥西勝さんの亡骸が映し出されていた。

テレビではタブー視されていた遺体の映像を画面に出したのは、齊藤潤一プロデューサーだ。冤罪を訴え続け、一度は再審開始決定が出た事件だが、最後は獄中死せしめられた奥西さんは、慟哭《どうこく》しているかのような死に顔だった。遺体を画面に出すことに迷いがないわけではなかっただろうが、必然性があれば、躊躇すべきではない。長く事件を追い、開かない再審の扉に理不尽を感じてきた齊藤の、非難を承知のうえの表現だった。

私たち日本人は、知らず知らずのうちに死を遠ざけるようになった。生活スタイルの変化もあって、「畳の上で」という理想の死を自宅で迎えることができなくなった。そうした時代背景と軌を一にして、テレビは死についての映像を過剰なまでに避けるようになった。その時々のテレビマンは迷ったであろうが、自主規制はやがて不文律であるかのようになり、テレビで人の死に顔を見ることがなくなった。

一九八九年、ルーマニアの独裁者チャウシェスクが銃殺された。その衝撃的な処刑シーンをテレビはニュースで報じていた。しかし、二〇一一年になると死の扱い方に大きな転換があった。ウサマ・ビンラディンがアメリカの特殊部隊によって殺害されたが、日本のテレビでは死亡が確認できる遺体の映像を放送することはなかった。

当初、私はアメリカ軍の何らかの作為だと思ったが、中国にいた知人はビンラディンの遺体を中国のテレビは放送していたと話した。歴史的な出来事なのだから、殺害・死亡の事実を伝えるのがジャーナリズムなのだが、日本のテレビではそれすらできなくなってしまったのである。チャウシェスクからビンラディンまでの二十年で、日本人の死生観とテレビの役割に大きな変化が起きたのだ。

確かに、テレビというメディアは、年齢層も視聴形態もまちまちな「家庭」という場所に入り込んでしまったため、誰が見るかわからない。視聴者のトラウマ、PTSD（心的外傷後ストレス障害）、教育上の問題など、最大公約数的な配慮をすることで、次々に禁止事項を増やさざるを得なくなった。だが、「死」については、もう少し考えてみたい。

たとえば、大人たちは、子どもたちへの命の教育が大切だと強調してきた。しかし、その一方で、死を極度に覆い隠そうとするのは矛盾ではないだろうか。生の最終形が死であり、尊厳をもって死を受け止めることは、命の教育に通じるし、何より人の営みとして自然ではないだろうか。

カメラが捉えた修一さんの亡骸。お昼寝のままあの世に召されたというその顔は、すやすや眠っているかのようで、美しい。妻の英子さんも言っていた。「歳をとって、いい顔になった」と。その、いい顔がそこにそのままあった。死に顔はテレビに映し出してはいけないと決めつけず、人の一生には、避けられない出来事があることを自然に表現すればいいのだ。

津端さん夫婦の暮らしには、スローライフという少し前に流行った言葉を使うのが憚られるような重層した暮らしの香りがあった。どういう暮らしを豊かというのか、老夫婦は日々の実践をつぶさに見せてくれた。そして、人生の豊かな実りの先にある、豊かな死の手触りも、身をもって教えてくれた。『人生フルーツ』には、物語として大きな山や深い谷、そしてワクワクするようなイベントがあるわけではない。あるのは、夫婦の嫋《たお》やかな日常だけだ。だからこそ、理屈じゃなく、地に足の着いた二人の哲学が醸し出されているのではないかと、私は思った。

天空から降りてくるようなナレーション

二〇一六年三月七日。ナレーション当日。挨拶も早々に切り上げて、希林さんは台本を持ってマイクの前に座る。ノドの調子はあまりよくないが、いま出る自然なトーンで下読みをしているようだ。頃合いのよいところで、本番が始まる。最初のナレーションをちょっと心配しながら、待っている……。

「風が吹けば桶屋が儲かる」

「オケヤ……？」

「枯葉が落ちる」と読むべきところを、そう言ったまま、希林さんはアナウンススタジオの中でどこ吹く風と続けた。スタッフも眉を少し上げたぐらいで、何もなかったかのように収録を続行する。ふざけたのか、そうじゃないのか……。

私は「桶屋バージョンをどこかで使えたらすごいなぁ」などと頭の片隅で考えているうちに、録音は、あっという間に終わった。

希林さんは、事前に原稿やVTRを必要としない。「ようやく映像がつながりましたので、ご自宅に宅急便で……」とこちらの話が言い終わらないうちに、「いらない」ときっぱり返ってくる。何年もやりとりしていてわかっているが、編集の進捗とスケジュールの確認を希林さんにするためのお決まりの儀式なのだ。

そうして、ちょっとした会話の中で、希林さんは、作品を大摑みにイメージする。だから、原稿の細部にはこだわらないし、下読みをする必要もないのだろう。乱暴といえば乱暴だが、こちらも、編集と最終原稿を焦って作らなくていいので、助かるといえば助かる。

当日のナレーション。希林さんは台本をペラペラとちょっと捲《めく》ってみるだけ。こちらから声の調子や音量を確かめるマイクテストのために、数行読んでもらい、本番に突入する。

『人生フルーツ』では、その初《しょ》っ端《ぱな》、「オケヤ」をぶち込んできたのだ。ここで慌てたり、驚いたりして録音作業を止めたら負けだ。何か勝負しているわけではないが、何が何でも負けちゃダメなのだ。このスタッフなら、知らん顔して続行できる安心感というか、ズボラさが希林さんと仕事を続けていく鍵なのだ。

『人生フルーツ』は、天空から降りてくるようなナレーションだった。「風が吹けば枯葉が落ちる……」。この詩を思いついた時から、これは朗読ではなく、呪文を唱えてもらうのだと考えていたが、本当にそんなふうになった。

主人公の津端修一さんは、最晩年に依頼された精神科病院のデッサンに、「きっと、いいことありますよ」とメモに残していたが、私は、希林さんが仕事に参加してくれると幸運が呼び込まれる、そんな予感がするのだった。

妄想と番組企画

二〇一六年四月。愛知県春日井市の高蔵寺ニュータウンを訪ねた。無事に放送ができた挨拶だった。笑顔で迎えてくれた英子さんとゆっくり語らった。長年連れ添った伴侶を亡くした英子さんが、少し心配だった。お手製のチーズケーキをいただきながら、毎日の暮らし向きを尋ねた。

「私ねぇ、夜ねぇ、テレビを観るようになっちゃった……」

「はぁ。テレビを観るようになっちゃった、ですか……」

テレビを観ないのは知っていたが、テレビマンの端くれとしては、観るようになっちゃったと言われると、ちょっと困ってしまう。

「で、どんな番組を観てるんですか」

「私ねぇ、居酒屋さんに行ってみたいの……」

どうやら、『吉田類の酒場放浪記』（BS-TBS）がお気に入りで、それが居酒屋へ行きたいということにつながっているようだった。

「行きましょ、行きましょ。居酒屋」

私の反応に、スタッフは、変な話をしていると思っているようだったが、ご高齢の英子さんを、大皿料理がカウンターに並んでいるようなお店にお連れしたら喜んでくれるだろうとか、タバコの煙が充満する呑み屋には連れていけないとか、もう「ばあばツアーズ」の添乗員になったような気になっていた。

居酒屋に行こうと気持ちが膨らんだ途端、これは、希林さんとご一緒していただいたらどうだろうと妄想が広がった。それも撮影して番組にしたらどうか、妄想が妄想を呼んで番組企画に膨らむ。会社に戻る車中、伏原ディレクターと居酒屋ツアーについてキャッチボールした。こういうことを話すと鼻で笑われて、こちらの気持ちが萎《しぼ》んでしまう相手が多い。しかし、伏原は違う。

「女子会ですね。女子トーク」

「八十代と七十代で、女子トーク!?」

「そうですよ。夫婦、子育て、料理、死」

「居酒屋ばあば、っていうタイトルでどうだ……」

「はーい。南平台のばあばです」。希林さんが電話をくれる時のコールサインだ。それにちなんだタイトル。いいリズムで来たところで、希林さんに電話をする。希林さんならではの直感と軽快なフットワークで、企画は加速する。

『人生フルーツ』のナレーションをして、英子さんと修一さんの暮らしに興味を持ったこと、それに二人が暮らすお宅を見てみたいと思っているようだった。

希林さんは、いろいろなところで「不動産好き」を公言していたが、購入を検討している土地の見取図を見せてくれたり、映画『わが母の記』は井上靖の自宅をロケに使うというので出演に乗り気になったとか、作家の灰谷健次郎さんと著名人の邸宅めぐりの旅をしたとか、私たちのロケにはもれなく「不動産」話が出てきた。

ハラハラした事件を思い出した。戦後七十年で全国を旅した時、沖縄のロケでたまたま演出家の宮本亜門さんの別荘を見つけた。希林さんは駐車場から中庭へスルスルッと入っていってしまった。これは家宅侵入といわれっきとした罪だ。あまりの奔放な動きにドキドキしていると、留守番の方と仲良くなって、「よろしければ、家の中もご覧になります

希林さんと英子さんの女子会。『居酒屋ばあば』より

か」と誘われていた。

希林さんと一緒にいると心臓によくない。しかし、その行動哲学は一貫していた。面白がれるかどうか……。本当に誰と仕事をするかは大事だ。テレビの中に充満する山ほどの禁止事項に埋もれて被害者を気取っていた私は、希林さんとの仕事で、頭と心を自由にすることを教わった。

名古屋の酒場。寄り添うように座る二人、カウンターには大皿料理が並び、片口に注がれた日本酒にお猪口《ちょこ》……。

『人生フルーツ』の番外編『居酒屋ばあば』は、スタートの掛け声もなく収録が始まった。津端英子さんは、亡き夫のことを静かに語り始めた。樹木希林さんは、六対四の焼酎のお湯割りで聞き役に徹していた。夫婦のこと、孫のこと、生と死のこと、話は尽きることなく夜は更けていった。

時をおいて、ロケ地を高蔵寺ニュータウンの津端邸に代える。自宅を案内しつつ、この日は英子さんが聞き手に回り、八十代と七十代の女子トーク番組が出来上がっていった。

観客が観客を呼ぶサイクル

『人生フルーツ』は、二〇一七年一月二日、正月映画としてロードショーを始めた。封切り当初、劇場を訪れるのは高年齢層が中心だったが、客席の様相が徐々に変わっていった。たとえば、母が友人と鑑賞し、そのあと娘を連れて再来場、娘は友達を、その友達がその母を……、と観客が観客を呼ぶサイクルが作られていった。メディアも、公開前の映画情報に続いて、その後のムーブメントとして報じ始めた。感触にすぎないが、ドキュメンタリー映画を広げる力は、テレビよりも新聞、新聞よりもラジオ、ラジオよりも口コミが強く、特に著名人の電子口コミ＝ツイートの威力はすごかった。

スタジオジブリの鈴木敏夫プロデューサーが、TOKYO FM の番組『ジブリ汗まみれ』のゲストに私たちを呼んでくれた。東海テレビドキュメンタリー劇場はこれが十作目だったが、『人生フルーツ』はラジオに一番多く取り上げられた。テレビよりも情報を能動的に受け取るという特性があるのか、ラジオリスナーとドキュメンタリー映画は特に相性がいいようだった。さて、『ジブリ汗まみれ』で、いろいろ話しているうちに、一つの番組企画が頭の中に浮かんだ。

「鈴木さんに『人生フルーツ』を題材に、希林さんと対談してもらいたい」
『居酒屋ばあば』に続く、ばあばシリーズ第二弾『ジブリと……』。希林さんに話すと、これも面白がってくれた。

二〇一五年のこと、東京・小金井市のスタジオジブリを訪ねた。『戦後70年 樹木希林ドキュメンタリーの旅6』のロケだ。その時、鈴木さんと希林さんは『むかしむかしこの島で』（沖縄テレビ・二〇〇五）を「課題図書」に対話した。蔦《つた》の絡まるスタジオジブリの玄関で出迎えてくれた鈴木さん。名作を生み出した仕事場を、カメラを回しながらぞろぞろ探訪する。と、行く手に、白くて長いエプロン姿の紳士……。宮崎駿監督だった。

「あら、有名人！」

希林さんの第一声と宮崎監督の苦笑。

「どっちが、有名人ですか！」

この時のお宝映像を混ぜながら、鈴木プロデューサーと希林さんが、『人生フルーツ』を下敷きにこの時代をどう生きるかを語り合う『ジブリとばあば』は形になっていった。

目的と結果を混同しないこと

ドキュメンタリーを映画化する際、会社に配給宣伝費を用立ててもらうため、収入と支出の見込みを提出する。主な収入は劇場での興行だが、『人生フルーツ』の場合、観客動員を一万二〇〇〇人と想定した。二〇一一年、映画化に乗り出した時、ドキュメンタリーは一万人を超えればヒットだとされていた。しかし、『約束〜名張毒ぶどう酒事件 死刑囚の生涯〜』は二万五〇〇〇人、『ヤクザと憲法』では四万人強が入場、また地方局発のヒット作も続いて、ドキュメンタリー映画界は活況を呈していた。

だが、『人生フルーツ』は、作品が地味だし、チケットを大量購入して支えてくれる団体もないし、動員の予想は控えめだった。一万二〇〇〇人は、興行収入だけでは黒字にならず、その後の自主上映でようやく収支が整うという数字だった。

お金の問題は、頭が痛い。民放という営利企業である以上、採算を度外視するわけにはいかない。だが、ドキュメンタリーの劇場公開の目的は、ハッキリしている。より多くの人に作品を観てもらう機会を増やすということだ。収入の多寡が一番の価値基準ではない。リーマン・ショック以降、テレビマンに「数字依存症」が蔓延してしまった。

たとえば、入場者が増えれば、お金は儲かる。それは、たくさんの人に観てもらうという目的が叶った結果なのだ。だが、念願が成就したことを喜ぶよりもお金だけをクローズアップしてしまう思考回路がテレビマンに沁みついてしまっている。お金を儲けるために、映画に乗り出したのではないし、私たちにはドキュメンタリーをお金儲けのために作るなどできはしない。数字にからめとられずに表現を持続させるには、目的と結果を混同しないことだ。

因縁の二人による対談

ゴールデンタイムのテレビのラストトーク。古舘伊知郎さんが『人生フルーツ』を熱く語っていた。ばあばシリーズの第三弾企画が持ち上がった。「ばあばとフルタチさん」。古舘さんをフジテレビの楽屋に訪ねた後、希林さんに話をした。一発OKのはずだったが、珍しく難色を示した。二人の間に、何かあるようだった。芸能界でいう「共演NG」なのかもしれないと思ったが、考えすぎてはいけない。東京の常識は知らん顔すべし。由緒正しきローカル局の生きる道だ。ばあばに、実現したい企画だともうひと押しするしかない。

「何たって強引で、ウ・ムは言えませんものネ」

答えは、ハガキで届いた。それとなく、引っかかっていることを訊くと、根っ子がわかった。二十年ほど前、古舘さんの番組でローカルCMを取り上げた。こんな有名人がこんな地方でこんな荒稼ぎしているという文脈に聞こえた。その中の一つに、希林さんのCMが入っていた。スッと憤りが甦る希林さんの気配に圧されて、「やっぱりやめますか、対談」と思わず口が動いていた。

名古屋の質屋のCM。希林さんは、その店が大好きだった。仕事が早めに終わって食事までに時間があると「ちょっと行ってくる」と一人で出かけた。一度や二度ではない、いつも行き先は、その質屋だった。毛皮のコートも、リュックスタイルのブランドバッグも嬉しそうに見せてくれた。その店のＣＭは、「撮るなら私にまかせて」と出演を売り込んだと話していた。そういう思いを古舘さんの番組で不本意な扱いをされたと憤りは深かった。一瞬、捩れた糸に絡まっていく恐怖を感じたが、もう番組企画は前に転がっていた。『人生フルーツ』の津端修一さんが師匠と仰いでいた建築家アントニン・レイモンド。その流れをくむ代々木の設計事務所で二人は会った。久方ぶりの共演に打合せはない。入室してくる古舘さん。カメラはもう回っている。二人の出会いを希林さんが振り返る。対談を眺めているだけなのだが、自分の心臓の鼓動が私には聞こえた。お互いの夫婦関係のこと、家族の死のこと、ズバッと胸の内に斬り込んだり、フンワリ触れてみたり、スリリングな対話が続いた。

別れ際、古舘さんはお土産を手渡そうとした。希林さんは、人からモノをもらうのが嫌いだ。「あげる」「もらわない」で双方がケンカ腰になる修羅場に幾度も立ち合ってきた。しかし、この時は、手提げ袋の中身を尋ねた。「レアものの焼酎です」「飲んだらなくなるものね」と少し恥じらい気味に感謝の言葉を返した。

希林さんが亡くなって一年後、テレビ番組で古舘さんは、この時のことを振り返った。「焼酎がお好きだから、焼酎を買って行ったんですよ。受け取ってくれたらこのインタビューは許容してもらったな、いらないって相変わらずきっぱり断られたら僕はダメだったなって、リトマス試験紙と思って」

何かが氷解した証が、焼酎のやりとりだったのかもしれない。私にも、心の底に澱んでいるわだかまりがある。それを流したいと思う時、なぜか、この時の二人を思い出す。

時をためるドキュメンタリー

多くの人に映画を観てもらうためには、その映画の存在を知らせる必要がある。ポスター、チラシ、パンフレットなどを作り、試写会を開いてマスコミ関係者を呼ぶ。映画を連作してきたお蔭で新聞・雑誌・ネットなどメディアの書き手とつながりができ、試写の後、時間をとって取材を受ける機会が増えた。東京、大阪、名古屋で、三十社を超える取材を受ける。いつもは取材する側である私にとって貴重な体験だ。

最初の観客である記者が作品をどう受け取ったかを、取材とその記事で確認することができるのだ。思わぬ評価や感想に一喜一憂するのだが、継続は力なりというが、丁寧に作り続けることでしか定評は生まれない。

『人生フルーツ』は、全国のミニシアターが大切にしてくれた。アンコール上映、再アンコール、再々アンコールと続き、封切りから三年半を過ぎた今も上映している映画館があるほどだ。地方の小さな映画館が、作品をそっと手渡してきた結果が、観客動員二六万人を超える大ヒットを記録している。

『人生フルーツ』の中に、平易だが味わい深い言葉がある。「時をためる」という表現だ。

津端家ではよく使われているようだったが、それまで言葉の解釈を聞いたことがなかった。希林さんとのやりとりの中で、英子さんは機織りの道具を揃える時、修一さんに言われたことを話した。

「一度には買えないけど、時をためて、少しずつ……」

時は止まらず流れゆくもの、決して貯まるものではない。私はそう思って生きてきた。少し前に、英子さんからもらったマフラーを思い出す。最初はチクチクして首の巻き心地が悪かったが、いくつか冬を越えると体に馴染んでいた。年月を経ると人もモノも劣化する消費社会。私の考え方は、知らず知らずのうちにすっかり経年劣化のサイクルに堕落していた。「時をためる」とは、それとは真逆の暮らし方だ。

思い起こせば、ドキュメンタリーとは、コツコツ、ゆっくり「時をためて」作り出されるものではなかっただろうか。木々が年輪を刻むように、映像を重ねていくことができたら、どんなに素晴らしい表現に辿り着けるだろう。

第3章
表現とタブー

『ヤクザと憲法』より

『ヤクザと憲法』（二〇一六）

絶滅していくヤクザの実態

もう、何年経っただろう。思い出すと、怒号と緊張ばかりだったが、最後に浮かぶのは、人に出会う醍醐味《だいごみ》なのだ。ドキュメンタリーは、制作中の労苦とその後の満足の釣り合いが取れている仕事なのかもしれない。

二〇一九年暮れ。この作品は、東京・名古屋・大阪の映画館で、東海テレビドキュメンタリー劇場の連続上映の目玉としてスクリーンを飾った。

『ヤクザと憲法』

放送基準のなかに反社会的勢力との接触を禁じた項目が明記されて以降、暴力団についての番組は、テレビから消えた。触らぬ神に祟りなし。君子危うきに近寄らず。安心、安全、リスクなきテレビ番組……。

山口組などの実態をＮＨＫが散発的に放送していたが、それもなくなり、映画界の任侠モノも姿を消していった。右向け右、右へ倣へ。行儀のいい人々は、暴力団対策法、暴力団排除条例の精神に則って、ヤクザに近づくのを完全にやめた。見方を変えると、権力の

『ヤクザと憲法』（2015年３月放送、16年１月ロードショー）

「暴力団対策法」の施行から20年が経過した大阪。指定暴力団「二代目東組二代目清勇会」に密着取材し、現代ヤクザの実態と知られざる彼らの素顔に迫る。社会と反社会、権力と暴力、ヤクザと人権……。強面たちの知られざる日常から、ニッポンの淵が見えてくる。東海テレビドキュメンタリー劇場第８弾。

〈日本民間放送連盟賞、ギャラクシー賞〉

プロデューサー：阿武野勝彦／監督：土方宏史／撮影：中根芳樹／編集：山本哲二
効果：久保田吉根／音楽：村井秀清／音楽プロデューサー：岡田こずえ／VE：野瀬貴弘
TK：河合舞／宣伝・配給協力：東風

線引きによって、はっきりと取材対象にタブーが生まれたのだ。私は、もともと関わることのない世界だと思っていたのだが、スタッフのなかに異分子が発生した。絶滅していくヤクザの実態を撮りたいと企画書を持ってくるディレクターがいたのだ。ごく自然に、「ドキュメンタリーの題材には、タブーはない」と言ってきた私には、門前払いする理由がなかった。

「ワシらに人権はないんか」

暑い夏だった。大阪・堺までガタゴト路面電車に揺られ、約束の街角に降り立つ。ずいぶん遠くへ来た、と思った。初対面の相手はなかなか現れない。誰が来るのか、どんな格好で来るのか、車で来るのか、それとも……。

真夏の真っ昼間、太陽に照りつけられ、脳天が焼けてジリジリと音が出そうだ。

しばらくすると黒塗りの車がやってきた。後部座席に誘われ、組事務所へ向かう。ほんの数分だったが、何を話したのか覚えていない。きっと時節柄の挨拶程度だったのだろうが、平常心でいられる自分にびっくりした。

「こんにちは〜」

真っ黒い鉄の扉を開けて、ジャージの若者が、絞り出すような低音で出迎えた。指定暴力団「二代目東組」の二次団体「二代目清勇会」。事務所は、妙な雰囲気だ。閉め切った倉庫のような、タバコで燻《いぶ》されたような、息苦しい空間だ。組員たちは、所在なげにウロウロしながら、視線を向ける。親分の客人だから殺気立つということはないが、眼差しは決して柔らかくない。立ったまま待たされたかと思うと、不思議な間合いで会長室に通され、また待つことになった。

会長は、なかなか現れない。待ち時間が長いと、想像を掻き立てられる。ここに至るまでいろいろあったが、さて、このあとどうなるのか。いきなり無理難題を突きつけてくるのか。妄想の泥沼。これが、彼ら一流の交渉術ではないかと勘繰ったところで意味がないのだが。

今日は、取材の考え方を伝え、それを丸呑みしてもらえるかどうかを聞きに来ただけだ。相手がヤクザに限ったことではないが、私たちのドキュメンタリーは、取材者と取材対象のギブアンドテイクで成立してはいない。一方的にプライバシーを収奪する危険も孕んでいるし、厳しい批判の対象にしてしまうこともあり得る。だから、取材交渉の時に、耳障りなことも言う。相手の気持ちや要望は聞くが、どんなに世の中に叫びたいことがあっても、それをドキュメンタリーに反映させるかどうかは、終わってみないとわからない。この、「わからないことだらけ」を相手にどう伝えられるかが取材の入り口だ。

この日は、「謝礼金は一切支払わない」「モザイクはかけない」「番組や撮影素材を放送前に見せない」など決めごとを提示したが、こちらの話が終わった頃には、会長は、真面目に黙って聞いていたが、川口和秀会長には何一つ異存がなかった。会長は、真面目に黙って聞いていたが、こちらの話が終わった頃には、ダジャレを放ち続けた。そして、入れ代わり立ち代わり、オジキたちが部屋に入ってきて、それこそワーワー捲《まく》し立てることとなった。ただ、私にもこの時に尋ねておきたいことがあったので、間合いを見計らって会長に突っ込んだ。

「暴力団と呼ばれるのは、どういう気持ちですか」

沈黙。水を打ったような……。オジキたちは、無言で右へ左へ顔を見合わせる。スローモーションみたいに……。そして、会長の口が開いた。

「誰が、自分で自分のことを暴力団と言いますか。言うてるのは、警察ですよ」

オジキたちは、一様に頷《うなず》き、顔を見合わせて、ザワザワが始まった。

「じゃ、そういうことで。あとは……」

若頭に短く合図をして、会長は部屋を出た。少々困惑した様子だったが、若頭は一礼した。

組事務所から出ると、車で堺市駅まで送ると一人の組員が申し出た。固辞したが、まあまあということになった。乗り込むと、タバコと芳香剤の入り交じった臭いで頭がクラクラする。誰かが窓を叩く。開けると、会長室で人権について熱く語り、退出を促された初老の組員だった。オジキは、車窓に顔を突っ込んで捲し立てた。

「なぁ。人権を守れっていうてんねん。そうやろ。おかしいやろ。ワシらに人権はないんか」

人権、人権とヤクザに訴えられるという奇天烈《きてれつ》さと強い日差しが照り込んで、私の頭はグラングランした。しかし、年長者であるオジキが話しているので、組員は車を出せない。しかし、もう車は駐車場から路上に出ている。警察が来たらどうするんだろうと思った瞬間、スッと車は通りへと滑り出した。若頭が目配せしたのだ。「おい、人権〜」。人権オジキが、遠ざかっていく。道を曲がると、運転席の組員が言った。

「きょうは、会長の誕生会なんすよ」

この時、事務所の上の階で祝い酒が振る舞われ、組員たちがみんな酔っ払っていたことを初めて知った。

「ボクは発達障害なんです」

　秋が深まろうとしているのに、彼は待ち合わせの名古屋駅にワイシャツ一丁で現れた。

「上着は？」

「え？　で、失くしました」

「え？　で、スーツは？」

「大丈夫です。出てきますから」

　これから訪問する初対面の相手への礼儀で服装の話をしたのだが、彼は紛失しても必ず見つかるというハッピーストーリーで返してくる。プロデューサーとディレクターのコンビを組んで、これが二作目になるというのに、新幹線の中で会話をしていると、妙な話になった。

「ボクは発達障害なんです。診断されてます」

「ああ、そうなんだ……」

「阿武野さんも、そうだと思います!!」

「そうかもしれないけど、君と一緒にしてほしくないなぁ」

「絶対そうです」

新幹線を降りてからも、斜め後ろからついてきて私に発達障害だと言い続ける男。とにかく声が大きくて、困ったものだ。東京駅丸の内口へといつにも増して早足で歩く。改札間際。私の切符が、ない……。ポケットをあっちこっち探す。が、ない。

「ほらね。やっぱり。そうなんですよ。そう、そうなんですよ、ね」

新幹線改札に乗車券を取りに戻る私に、彼は、まわりが驚くくらいさらに大きな声で、嬉しそうに言い続けた。私は思った。ヤクザの取材には、このぐらいの勢いが必要なのかもしれない、と。

「我々はどこから来たのか。我々は何者か。我々はどこへ行くのか」

ポール・ゴーギャンがタヒチで描いた絵画の題名だ。いろいろなことを考えさせる言葉だ。「我々」を、その時々の取材対象に置き換えたりする。たとえば、「ヤクザはどこに行くのか」と。そうしているうちに、ゴーギャンの問いの答えに近づけるだろうか……。

『ヤクザと憲法』。取材したいと言い出したのは、土方《ひじかた》宏史《こうじ》、当時三十八歳。報道歴五年の記者だった。

兄と同じテレビ局員になろうと就職試験を受け、東海テレビに入社した。土方は、昼の連続ドラマを担当する東京制作部に配属され、テレビマンの道を歩みはじめた。

昼ドラ（別名THKドラマ）は、月曜から金曜までの午後一時半からの三十分枠で、一九六四年にフジテレビ系全国ネットで放送が始まった。前回の東京オリンピックの開催を控え、仕事が過重になった東京キー局が系列局に企画募集して始まったという伝統の枠だ。ドラマ制作の現場には、社内から選抜されたスタッフが配置されてきた。

土方は、新入社員で抜擢されたのだから、大いに期待された船出だった。しかし、一年で、ドラマ班から本社の制作部へと異動。そして、報道部へ転属となったのは、三十三歳だった。知らないうちに漂流社員になっていたようだ。

報道部では、催事モノから事件・事故、被疑者の顔写真探しまでニュースの遊軍記者として何でもしていた。そして、時折、自分の持ちネタを形にしていたが、その中にドキュメンタリー『ホームレス理事長〜退学球児再生計画〜』（二〇一四）につながる企画があった。

「この番組は、東海テレビにしか作れません」

「ヤクザを取材したいんです」

二〇一四年の春、私のデスクにやってきて、土方は大きな声で、「ヤクザ、ヤクザ」と連呼し、自分の気持ちを真っすぐに話した。『ホームレス理事長』が終わったあと、彼は、愛知県警察本部詰めの記者となった。いずれニュースデスクになるのだから、経験させておこうという報道部長の差配だった。

警察での担当は、刑事部捜査二課と四課、つまり知能犯と暴力団だった。二年の警察担当のあと報道局の大部屋に戻ることになったが、新作のドキュメンタリーに取り組めるのなら暴力団を取材したいと答えた。

土方の話をかいつまんで書くと、暴力団対策法・暴力団排除条例の施行以降、ヤクザを取り巻く状況は一変し、人権などという考え方は彼らには適用されなくなった。また、捜査する警察官も濃厚な交際を疑われるため、直接、ヤクザから情報を取りづらくなった。だから、彼らの実態を、若い刑事などはほとんど知らない。

たとえば、指定暴力団の組員は銀行口座を作れない。幼稚園から子どもの入園を断られても暴力団員は何も言えない。自動車は売ってもらえないし、保険にも入れない。条例で、ヤクザへの利益供与が処罰の対象となったため、あらゆる市民が関係を持てなくなったのである。そんなことが起きている、絶滅寸前のヤクザを記録したいというのだ。そして、最後に、決めゼリフみたいに、このフレーズを幾度も繰り返した。

「この番組は、ボクたち東海テレビにしか作れません。絶対です」

自分の体験がアクセルにもブレーキにもなる

私が生まれ育った寺には、葬式や墓参り以外にも、さまざまな人の出入りがあった。結婚問題での親子の衝突、新興宗教に入信した親戚との揉めごと、さまざまな相談が持ち込まれていた。頼れる住職と檀家に尊敬され、受刑者の教誨師《きようかいし》もしていた父には、少々ブッ飛んだところがあった。

「びっくりだぞ、車の前がサーッと開くんだ」

沼津刑務所からの送迎のパトカーにサイレンを鳴らしてもらったら、車が飛ぶようにどいたという話だ。

「今度、お前もついてきたらどうだ」

子どもの私を、パトカーに誘う無邪気な人だった。

私が小学生の頃、ヤクザの親分の葬式があった。庫裡《くり》の二階からカーテン越しに見ていた。境内には普段とはどこか違う黒服がいた。脇僧も呼んで盛大な葬儀だったが、本堂の中に参列者は二人しか入らず、異様な雰囲気だった。

その後、父はヤクザの家に幾度か出かけていった。父は、かなり面白がっている感じで、親分は、父にはペコペコしているようだった。私は思った。お坊さんを殺したら葬式ができない。坊主は無敵だ、と。

二十代の終わり、私は警察記者クラブにいた。記者クラブの黒板には、レクチュア不要の発表モノが貼り出されていた。「○日○時、○×組、家宅捜索。恐喝容疑」。同行取材ができるという告知。ガサ入れ当日、刑事の後について組事務所に入ると、玄関に弾除《たまよ》け用の大理石の衝立《ついたて》がデンと立っていた。

「コラッ！　何やお前ら、何撮っとるんじゃ！」

眉毛を剃り落とした顔をグリグリ近づけて威嚇してくる。先導の刑事が手で払うと、グリグリは素直に引っ込む。おっかないような、おっかなくないような。お化け屋敷を、係の人に案内されているような感じだ。壁に妙な字体の貼り紙。覗いてみると、破門状と絶縁状。じっくり読んでいると、別の組員が来て凄む。しかし、手を出せないとわかってしまうと、ちょっと物足りない……。階上の窓には、すべて弾除けの鉄扉がはまっている。もう、お城めぐり感覚だ。

家宅捜索なのに、その場で拳銃が押収されるわけでもないし、麻薬が出てくることもない。これは、セレモニーだ。完全に、警察と暴力団の力関係が見えていた。

三十代の初め、私は岐阜県の駐在記者をしていた。家族四人で長良川沿いの一軒家に住んだ。昔からの団地に新参者として入ったのだが、露店商の親分一家がいた。トラックに○△興業とあり、少し様子の違う若者が出入りしていた。親分の末娘と私の娘が幼稚園の同級生だった。子どもたちは家を行き来していた。

親分の娘は、当時は珍しい金髪だった。小学校の入学前、ちょっとした騒動があった。おかみさんが学校に呼び出され、娘の髪の色を変えるよう教師たちに迫られ、やり合ったという。露店の呼び込みで潰した声は迫力満点だが、その日は気弱に見えたと話を聞いた妻が言った。年端もいかない娘を、なぜキンキラキンの髪にしているか、私は知りたいと思った。妻によると、祭りの人ごみの中で目立つようにするためだった。

「商売柄、迷子を心配して金髪にしているんだね。娘の命を守るためと学校に言ったらいい」

私の言葉をおかみさんが学校に伝えたのか、しばらくして、土地の銘酒と人形焼などが、わが家に届くようになった。

自分の体験が、ドキュメンタリーのアクセルにも、ブレーキにもなる。すべては卑近な出来事かもしれないが、制作者を支えるものは、その日常にある。

家宅捜索の一部始終

土方ディレクター、中根芳樹カメラマンのコンビは、週に幾日かを指定暴力団「二代目東組二代目清勇会」がある大阪府堺市に泊まり込んだ。私がアドバイスしたのは、二つ。一つは、身の危険を感じたらすぐに退却。もう一つは、疑問に思っていることは、取材の初めに相手に聞くこと。

番組の冒頭に部屋住みという下っ端の組員が、事務所を案内するシーンがある。鴨居の写真が誰か聞いた後、土方が部屋に転がっている袋に、「マシンガンか」と質問し、立て続けに「拳銃はどこにあるのか」と尋ねた。「テレビの見すぎですよ」と笑いながら窘《たしな》められるのだが、一ヵ月も経ってしまうと、こんなやりとりはできない。わかったつもりは、大事な質問の機会を逸するだけである。

大阪府警による家宅捜索

取材班は、じっくり組事務所を撮影し、会長、若頭、事務局長、部屋住みの二人にカメラを向けていく。トップが取材に同意しているから文句は出ないし、取材が深まるにつれてお互いに親近感が湧いてくる。これが、ヤクザの取材には難物だ。こちら側と向こう側の間にある深い谷を渡るわけにはいかない。暴排条例を強く意識しなくては、取材が台無しになる。たこ焼一つ奢っただけでも、法を犯したと見なされれば処罰の対象なのだ。

お正月、祝い酒が会長から配られる儀式があった。取材スタッフにも、一升瓶が一本ずつ用意されていた。初春のめでたい席、断ろうものなら、何が起きるかわからない。この時の現場判断が振るっていた。そっと忘れて帰ってきたのだ。会長たちは、組事務所の一隅にきれいに並んだ一升瓶の意味を、静かに感じ取ってくれたはずである。

「家宅捜索が事務所に一両日中に入ります」

取材の延長と緊張の場面が来るという現場からの連絡だった。事務局長が自動車修理工場に水増しして保険請求させたという容疑だった。組事務所に入っていく捜査員たちを大きなカメラで捉え、中では組員に交じってハンディカメラで待ち受ける。ヤクザの頭越しに警察官が踏み込んでくる。

令状を示すところから家宅捜索の一部始終がカメラの前で展開する。その口調や態度は、どちらが警察で、どちらがヤクザなのかわからない。

「やめろ。カメラ。やめろ」

古株の刑事が怒鳴る。ちょっと怯《ひる》みながらも、執拗にゴタゴタに食らいついて撮影を続ける。この緊迫のシーンが後々、ヤクザと警察と私たちという三つ巴《みつどもえ》のややこしい話に発展する。

強面のカナリアたちは何に鳴いているか

言葉は、とても大事だ。たとえば、アウトローを表す言葉に、「暴力団」と「ヤクザ」がある。「暴力団」は、集団を指し、個人は隠れて見えなくなる。では、個人を指す「暴力団員」というと、極悪、無法、麻薬、賭博、恐喝と、真っ黒なイメージに塗り固められる。そこに、「反社会的勢力」という漢字の羅列が重なるとアンタッチャブルさがコンクリートされる。取り締まりの用語として「暴力団」は、抜群の命名だ。

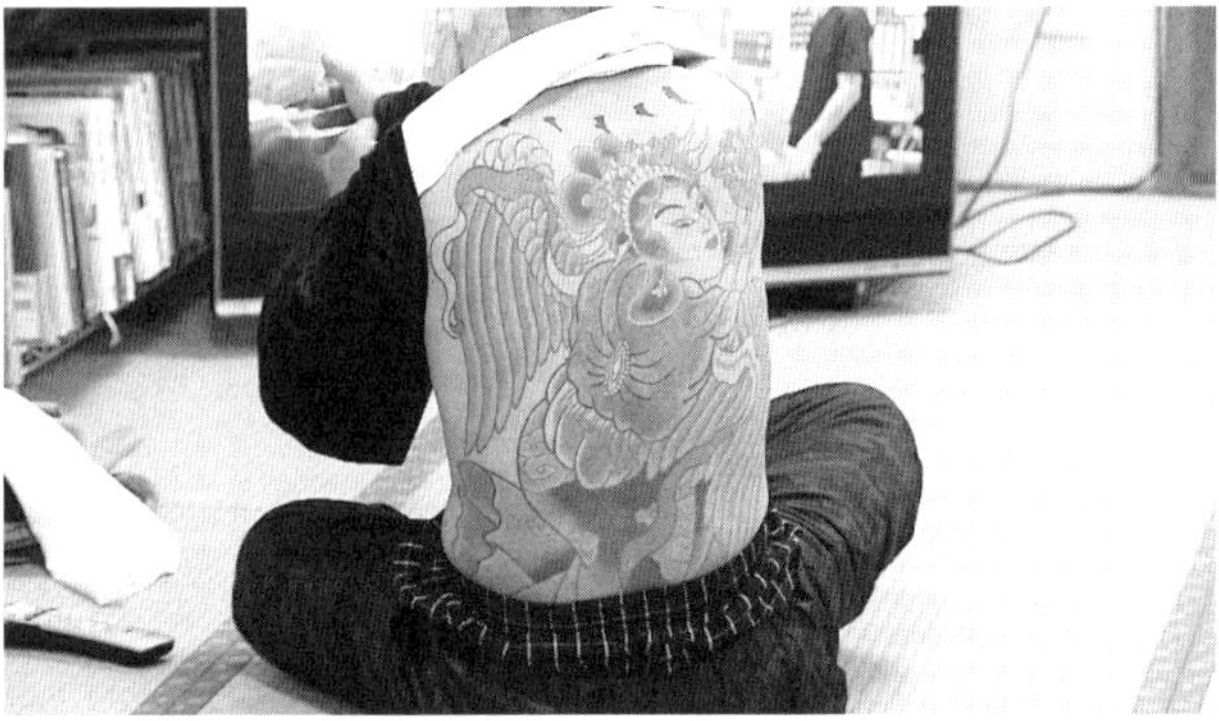

夜の組事務所。“部屋住み”の組員

しかし、一方からつけられた印象から自由になるため、集団も個人も同じ言葉で表現できる「ヤクザ」という括りで彼らを捉えてみる。排除対象となり隔離されている「暴力団」に、この「ヤクザ」スコープを使って、あちら側の世界を覗いてみよう。もしかしたら、こちら側の社会の思わぬ姿が見えてくるかもしれない。

『ヤクザと憲法』の制作途上、番組を放送することについて論議があった。たとえば、光市母子殺害事件の被告弁護団を取材した『光と影』（二〇〇八）の場合、「鬼畜弁護士を描く鬼畜番組」などとバッシングを受けたとしても、主人公は弁護士であり、法治国家の根幹を問う内容だと主張できた。しかし、今回の取材対象は暴力団で、誰の共感・支持も得られないのではないかという問題提起だ。

そもそも人権とは、善良な市民に保障されるもので、汚れた手の男たちには適用されないという主張もあった。また、反社会的勢力を扱うこと自体が公的なメディアとしての逸脱であり、会社が社会的に指弾され、制作者は番組を作るポジションから退場させられる恐れがある。地方でコツコツ積み上げてきたことを、なにもヤクザのために台無しにする必要はないのではないか。テレビとは何か、番組とは何かという根底を問う論議から、私の晩節への優しい助言までさまざまな思いが錯綜した。

ヤクザを「社会的弱者」と言うのは、「黒い雪」と同じで形容矛盾だ。しかし、いま彼らは、社会の急激な変容を生身に受けて鳴いている。その存在が怪しげなので、誰も振り向いてはくれないが、この強面のカナリアたちは確かに鳴いている。何に鳴いているのか。にわかには信じがたいのだが、「護憲」を叫んでいるのだ。

仮のタイトルも決まらないまま編集は進んでいたが、局内のさまざまな意見で世間の風を体感した。思ったよりもヤクザへの共感は遠い。だが、議論を上手に生かせると思った。滅びゆくヤクザの記録を主眼に考えていたが、ふっと番組の金看板が浮上した。それが、「憲法」だった。番組制作としては最終局面だというのに、お粗末といえばそれまでだが、映像がつながる直前で、表現に頑丈な背骨が入ったような気がした。

これで、私たちの〈司法シリーズ〉のラインアップに加えられると考えた。二〇〇六年に始めた〈司法シリーズ〉は、裁判所の内側、検察官の密着など、それまで放送界になかった取材を展開して評価を得ていた。このシリーズの本流に、憲法を扱うドキュメンタリーとして堂々と放送できると思った。

「すべて国民は、法の下に平等であって、人種、信条、性別、社会的身分又は門地により、政治的、経済的又は社会的関係において、差別されない」

ヤクザだって国民ではないか。足を洗って別の生き方をすることもあり得る。生き方を変えることを許さない状況を作ることこそ、あってはならない差別である。暴排条例は、彼らをヤクザに固定化する方向にがんじがらめにしている。この認識に立てないならこの番組は放送できない。

「おい！　人権を守れや！」。ロケの開始前に組事務所を訪ねた時、オジキの一人が執拗に捲し立ててきたあの顔を思い出した。憲法を、真正面からヤクザとぶつける。そこで生まれたタイトルが、『ヤクザと憲法』。番組は、二〇一五年三月、東海テレビローカルで放送された。

奇妙な三角関係の中で

「ヤクザを擁護しているようで気持ちが悪かった」

「犯罪組織の肩を持つテレビ局、世論も舐められたものだと思いました」

番組への批判と拒絶するような意見が寄せられたが、「よく撮れたなぁ」「彼らの実態を初めて知った」「人権とは何なのかを考えさせられた」など、むしろ番組を観て、社会について思考を深めている様子が感じられるものが多かった。これは、一本一本のドキュメンタリーを地域の人たちに手渡すように放送してきたことで、ようやくできたコミュニケーションだと思った。

『ヤクザと憲法』はギャラクシー賞、日本民間放送連盟賞を受賞した。その評価は、「挑発的な企画を実現させた制作者と放送局の意気込みが見事であり、そこにしか生きられない人々の表情や言葉から、社会の在りようを考えさせる作品である」とあった。

『ヤクザと憲法』は、その後、東海テレビドキュメンタリー劇場の第八弾となるが、初めて外部から出資など映画化の誘いを受けることとなった。しかし、これまで通りの東海テレビ・東風《とうふう》のタッグを変えるつもりはなかった。理由は、テレビで放送したとはいえ、暴対法をめぐって上映に紆余曲折があるかもしれないからだ。

都道府県によっては、暴排条例に抵触すると認定し、『ヤクザと憲法』が上映中止に追い込まれることも予想した。こういう時、ラグビーで言うならバインディングの強いスクラムが組めなくては耐えられない。宣伝と配給協力は、映画を徹底的に大切にする「東風」のスタッフ以外には任せられないし、上映のシンボルとなる旗館《きかん》は、東京のポレポレ東中野、そして名古屋はシネマテークだ。

このころよく考えたのは、テレビの作業も映画の仕事も、掛け替えのない仲間に出会うためにあるのかもしれない、ということだった。

放送が終わった後しばらく時間をおいて、大阪・堺に二代目清勇会の川口和秀会長を訪ねた。感想を言葉にするのが恥ずかしいのだろう、番組については全く無反応だったが、ヤクザの家族の窮状が描かれていたことに納得した様子で、映画化について話すと、返事は短かった。

「好きにしたら、ええ。自由にしたら、ええ」

しかし、準備を進め、いざ公開する直前、ドタバタが起きた。突然、上部団体に迷惑がかかるから上映をやめてくれと言い出したのだ。取り締まり当局からのプレッシャーを直感した。詳しく書くことはできないが、若頭から働きかけがある少し前、大阪府警から会社に電話があった。ビデオの提出を求める内容だった。ローカル放送は放っておいたが、映画の全国公開は罷《まか》りならないという意思表示だと類推した。

『ヤクザと憲法』には、組事務所への家宅捜索シーンが克明に描かれている。それは、指定暴力団にメディアが入っているのを、当局が全く知らなかったという事実を露呈している。番組については事後検閲、映画については事前検閲に当たると、ビデオの提出を断った。テレビ局がダメなら、ヤクザに圧力をかける……。「自分たちはどうなっても構わんが、取材に関係のない本家筋を人質にされては」と若頭は奥歯をギシギシ鳴らした。

制作者は、ヤクザであろうと何であろうと取材対象を守らなくてはならない。映画化をめぐって、見えない相手を入れての奇妙な三角関係の中で、幾度か話し合いを重ねた。ある夜、本家の幹部も入って、机を叩いて怒鳴り合いになった。それを最後に、どことも折り合いがつかないまま、映画はロードショーに突入した。

一年が音無しのまま過ぎ、ある日、会長から達筆の手紙が届いた。丁寧な文面だった。私の健康まで気遣ってくれていた。映画のために心配したようなことは起きてはいない。その手紙が知らせていた。

異物を取り除き、均質化を求め続けてきた私たちの社会。戦後、ひたすら清潔を追い求め、無臭化、無菌化に突き進んできた。誰もが違和感を持っていると思うのだが、キレイは否定できないし、脅威は取り除きたい。だから、この流れは簡単に止まらない。

一方、不祥事を起こしたり、批判されることを恐れ、「安心・安全」を仕事の上位概念に位置づけてしまったテレビ。自由に表現を繰り出す困難さが、日に日に進行している。

ゴーギャンの絵のタイトルを、きょうは自分とテレビに重ねて、発語してみる。

「テレビはどこから来たのか。テレビは何者なのか。テレビはどこへ行こうとしているのか」

第4章 放送は常に未完である

『神宮希林』より

『神宮希林』(二〇一四)

伊勢神宮と樹木希林

神様のお引越し……。伊勢神宮では、二十年に一度、社殿、大鳥居、ご神宝を作り直し、神様が新居に移る。一三〇〇年も続いてきたこの儀式を式年遷宮《しきねんせんぐう》という。

東海テレビは、伊勢神宮のある三重県も取材・放送エリアとしているので、遷宮の年ごとに番組を制作してきた。夜の闇の中、神様が新正殿に渡っていくのを映し出そうと暗視レンズを導入したり、先達はその時々のアプローチをしてきた。

そして、二〇一三年。私は、女優・樹木希林の初めてのお伊勢参りという企画で臨もうとしていた。

千年後、人類は、どんな姿になっているのだろうか。バスの中で乗客の様子を観察しながら、ふと考える。スマホを見続けている……。仕事場でも、帰宅しても、テレビにパソコン、携帯電話と、とにかく光を発するものを見つめている。子々孫々、ずっとこんな生活をしていたら、目だけが異常に発達して、姿かたちまで変わってしまうのではないか。

『**神宮希林**』（2013年11月放送、14年４月ロードショー）

20年に一度ある伊勢神宮の式年遷宮。女優・樹木希林さんが、東京・渋谷の自宅から旅するロードムービー。神宮林、御白石持行事、志摩の海女、木曽の杣人、歌人・岡野弘彦さんのお宅、東日本大震災で流された宮城の小さな神社の秋祭りへと希林さんが歩く。神様とは、祈りとは、そして、この時代とは……。東海テレビドキュメンタリー劇場第７弾。

旅人：樹木希林／プロデューサー：阿武野勝彦／監督：伏原健之／取材：佐藤岳史
撮影：中根芳樹、谷口たつみ／編集：奥田繁／音楽：村井秀清
音楽プロデューサー：岡田こずえ／効果：久保田吉根／VE：福田健太郎
TK：須田麻記子／宣伝・配給協力：東風

人間の感覚を表すとき、五感というまとめ方がある。視覚、聴覚、嗅覚、味覚、触覚。そして第六感というのもある。私たちの日常を俯瞰してみると、現代は視覚中心の時代だ。ことによると、視覚に依存しすぎる生活によって、別の感覚が鈍くなっていくのではないか。「見えること」と「感じること」。見えるものが大事になりすぎると、そうでないものは軽んじられる。しかし、この加速は、ヒトとして、止まらない。私たちは、大きな転換点に身を置いているのかもしれない。

たとえば、日々の暮らしのな

かで、どうにも不思議なことが起こる。いつもは深く考えずに通り過ぎるが、それこそ、何か見えない力に動かされているように感じることがある。神秘主義で括るつもりはないが、科学で不思議のすべてを解明しきれるとも思えない。どうやら、その狭間を感じ取ることが大事な気がする。

さて、私にとって、この十年で最大の不思議は、樹木希林さんとの出会いだった。『神宮希林』は、神様とは何か。この問いに向かう旅だ。しかし、制作に至る道程こそ不思議の連続だった。まずは、旅人・樹木希林の不思議から書きはじめることにする。

はじまりは、カナダ。私たちのドキュメンタリー映画第一弾『平成ジレンマ』が、モントリオール世界映画祭に招待され、現地でスタッフが希林さんと出会った。この話は第8章で書くので割愛するが、カナダでの出会いから第五弾の映画『約束～名張毒ぶどう酒事件死刑囚の生涯～』への出演につながり、そして『神宮希林』の扉を開くことになった。

仙台駅界隈の牛タン専門店。コンクリートの打ちっぱなしの洒落た部屋。この日、私たちは、翌日に東北で公開初日を迎える映画『約束』の舞台挨拶に来ていた。希林さんは、私たちの知らない芸能界のお話で、周りを和ませていた。と、

「開けちゃったの!?　もう一本!?　最初の一杯だけでいいのに、シャンパンは。何で開けちゃったの!?」

　夢中でおしゃべりしていると思っていたが、サッと店の動きに視線を転換し、係が開けた二本目のシャンパンに反応したのだ。飲み放題で頼んでいるのでそれはそれでいいのだが、希林さんには、そういう話ではない。炭酸でお腹が一杯になるし、そもそも勿体ないというのだ。

　希林さんの辞書に「残す」の二文字はない。開けた以上、呑み干さなくてはならない。呑むほどに酔うほどに、私のイタズラゴコロが湧いていた。

「希林さん。伊勢神宮に興味がありますか？」

　質問してみると、伊勢と出雲の遷宮が重なっていることなど、希林さんは相当知っていた。

「もし伊勢神宮の番組を私が作ります、とお誘いしたら……」

「出る！」

「ありがとうございます!!」

　シャンパン・モードは私だけじゃないようだ。

　伊勢神宮と樹木希林、樹木希林と伊勢神宮……。杜の都の夜、番組の構想とも妄想ともつかないものがただただ広がるのだった。地元の仙台放送への出演、舞台挨拶と一泊二日の旅の終わり、仙台駅での別れ際に、希林さんに念押しされた。

「あの話、決まったら知らせてね」

「あの話……」
「伊勢神宮よ、伊勢神宮」

希林さんのお出まし

伊勢神宮の番組は、その頃、別のプロデューサーが半年前から進めていた。私も、撮り上げたところで構成を手伝うことになっている。だから、希林さんの出演というのは、あり得ない話だった。しかし、取材の進捗は芳しくないようで、現場の迷走がスタッフの人相に出始めていた。だが、時は止まらない。クライマックス、神様が新しい正殿に遷《うつ》る「遷御《せんぎょ》の儀」は、どんどん近づいている。

ある朝、報道フロアで怒号が響き、摑み合いが始まった。男たちを取り囲むようにダダッと人が集まる。

「よせ、おい。何やってんだ」

プロデューサーとディレクターが、番組の本線から外れた妙な話で小競り合いをしている。この期に及んで、しかも言論のフロアで……。呆れてものが言えないのだが、スタッフに希林さんのお出ましが可能だと助言して、転換を図ることもできる。しかし、くだらないことで小競り合いするような男たちに、希林さんを託すことなどできるはずがない。制作態勢を整えて、懐に温めていたカードを切る時が近づいていた。

東海テレビの取材・放送エリアは、愛知、岐阜、三重の三県である。その中に伊勢神宮がある。東海テレビを知らなくても、日本全国、伊勢神宮は誰でも知っている。その神宮の取材は通常の方程式では通用しない、軋轢《あつれき》が凄いぞなどと経験者に散々脅かされてきた。私は寺の三男だし、あえて神宮に関わる必要はないと、お伊勢さんの仕事を避けてきた。しかし、二十年に一度の遷宮だし、番組は存亡の危機だし、今回は及び腰をぐっと突き出すしかなさそうだ。

神話からアプローチするのもいいが、伊勢神宮を哲学したり、科学したり、お勉強する時間はもう残っていない。しかし、希林さんに伊勢の町を歩かせて、アレ食べた、コレ飲んだ、では安っぽい旅番組になってしまう。もう一度、樹木希林という人間像について考えてみる。誰もが知っているけど、誰もがどこかに謎を感じている。たとえば、希林さんは自分のことはもちろん、夫の内田裕也さんや家族、そして、たまに時の人についても、明け透けに話す。こういう人は変わり者として叩かれて排除されてもおかしくない世の中だが、むしろ、希林さんは好意的に受けとめられている。

この、世にも不思議な大女優がドキュメントされながら、伊勢神宮に近づいていく。そこに物語が生まれるのではないか。しかしこの仕事は、時間の余裕がなく相当難しい。硬軟あわせ持つディレクターでなくては形にすることはできない。『とうちゃんはエジソン』『福祉番長！』など一風変わったドキュメンタリーの使い手で、『森といのちの響き～お伊勢さんとモアイの島〜』という番組で伊勢神宮の取材経験がある伏原健之しかいない。

初めての内宮参拝

希林さんは、新幹線の切符を自分で手配する。庶務デスクが、その領収書の額が合わない、品川から名古屋ののぞみ号の金額がヘンだというのだ。

「グリーンには乗せてもらっているけどね。安いでしょ」

「はぁ。どうしてですか」

「ジパング倶楽部よ」

JRの旅行クラブのようなもので、男六十五歳、女六十歳になると加入資格ができる。年会費を納めると乗車券・特急券が三割引きになるというものだ。ただし、のぞみ号など一部の売れ筋の列車には乗れない。時間に余裕ができたシニア層にお得なシステムだ。私の母も入っていたが、大女優が同じようにお値打ちなシステムを使っているとは……。ロケは社用なので、早くて本数があるのぞみ号で来てほしいのだが、毎回、ひかり号でやってきて「安いでしょ」と希林さんは、うれしそうに言う。

初ロケは、暑い夏の二日間だった。伊勢神宮の新正殿の周りに敷き詰める石を運ぶ「御《お》白石持《しらいしもち》」の日。強い日差しを浴びながら宇治山田駅に降り立った希林さんは、たっぷりとした白いワイシャツに黒いスーツ姿。カメラがおっとり回り始めた。

伊勢の幹線道路には石灯籠《いしどうろう》が並んでいる。その灯籠が車窓を飛んでいく、その車の中――。

「希林さん、神様っていますかねぇ」

しばらくの沈黙、そして、ゆっくり始まった。

「♪だァれもいないと思っていても、どこかでどこかでエンゼルは♪……って」

（『エンゼルはいつでも』作詞・サトウハチロー／作曲・芥川也寸志）

一九七〇年代、テレビでよく流れていた森永製菓のCMソングだ。神様とエンゼル……。

希林さんのなかで、もう、何かが始まっていた。

初めての内宮参拝は翌朝早くだった。この年、遷宮ブームで、参拝者は一四〇〇万人。日本国民十人に一人が伊勢参りをしたことになる。静かに参拝シーンを撮るのはなかなか難しい。午前七時前、宇治橋を渡る。造営中の新正殿を通り過ぎ、旧正殿へと進む。石段を上がる。屋根の萱《かや》、鰹木《かつおぎ》まで苔むしている。歳月が、ヒノキの上にしっとり載っている。石段を上がっていく希林さん。カメラはここまでというところで後ろ姿を追う。ワイヤレスマイクから息遣いが聞こえる。拝殿前に立つと、ぽつりぽつり語りはじめた。

「お願いはしない。お願いは。ここは、お礼を言うだけ……」

二拝二拍手一拝。初参拝を終えた希林さんは短く言った。

「御簾《みす》っていうの？　白い布が下りていて、中を見ることができないの。見えないというのは、感じにくいのかな、人間は……」

希林さんと神様。テーマが、動きはじめていた。

ドキュメンタリーへの理解と許容

二〇一三年、伊勢神宮の遷宮。そのクライマックス、遷御の儀が目の前に近づいていた。これは希林さんを描く番組なのか、それともお伊勢さんのドキュメンタリーなのか。そこが曖昧だった。しかし希林さんは、祈ること、この時代のこと、遷宮の向こう側に何かを感じているようだった。番組の方向はふらついていたが、希林さんの自宅にカメラを入れたいとお願いした。ディテールに神は宿る。外観、台所、居間、壁に掛かっている絵や写真、そして調度品など、その家の佇まいはその人を雄弁に語る。ここから希林さんの旅が始まるという意味でも欠かせないと真剣に話した。

しかし、すぐにOKとはならなかった。いつ、どうして、「いいわよ」となったのかはっきりしないが、私の勝手な物語を続ける。

ある日、伊勢への近鉄特急の中、希林さんは水に沈んだ山里の村のことを話し始めた。ダム建設で廃村になった岐阜県揖斐《いび》郡徳山村のことだった。その村を題材にした映画『ふるさと』（神山征二郎監督、一九八三）に希林さんは出演した。その縁で、「徳山のカメラばあちゃん」と親しまれた増山たづ子さんの近く開催予定の回顧展に、コメントを求められていた。自然豊かな村のこと、貧乏な映画スタッフのこと、いろいろ話してくれた。話を聞きながら、私は徳山村の情景を思い出していた。

「実は、私も、徳山ダムのドキュメンタリーを撮ったことがあります」

ダム建設でふるさとを失った村人のその後を追ったことを話した。希林さんはとても関心があるようで、その番組を観たいと言った。

次の取材の時、希林さんは、『約束〜日本一のダムが奪うもの〜』（第11章参照）のDVDを観ていた。

「報道って、すごいわねぇ〜」

希林さんの感想だった。そこには、私たち報道という仕事についての発見と、ドキュメンタリー制作への理解と許容というか、そんな気持ちが感じられた。自宅にカメラを入れること、そして宮城・石巻市へと旅路を延ばそうという扉は、かつてのドキュメンタリー番組が開いたのではないかと思っている。

釈迦とダイバダッタ

大きな車を運転して、希林さんが恵比寿駅まで迎えに来てくれた。

「荷物がたくさんあるでしょ」

それは娘婿の俳優・本木雅弘さんの車だった。光岡自動車の通称「おくりぐるま」。霊柩車仕様で、本木さんが、映画『おくりびと』で日本アカデミー賞最優秀主演男優賞を受賞した記念に買い求めたという。

この日は、取材の前に希林さん御用達の台湾料理を渋谷まで食べに行くということだったが、どうしたわけか車は西麻布のフレンチの駐車場に入った。

「さあ、着いたわよ。いいでしょ。コンクリートの打ちっ放し……」

そこは、地下一階地上三階の旧希林邸だった。貸しているという二階のフレンチレストランで、この家を建てる前、古井戸が敷地にあったことなどを希林さんは話し始めた。

「起工式の前に、井戸の神様を鎮めなくちゃいけない。それは限られた人しかできないから、私が紹介しよう」。それが、美輪明宏さんが希林さんにした話だった。で、希林さんは自分で毎日拝むことにした。何とも微妙な話だった。見えないものに手を合わせるという物語が、この番組のテーマにピッタリだと希林さんが確信しているようだった。

この時、映画にまでしようなどとはまったく思っておらず、テレビ番組の取材としては難儀な道に迷い込んでいく感じで、私の頭の芯は焼けてしまうぐらい熱くなった。鱸《すずき》のソテーを口に運びながらスタッフの目もみんな泳いでいた。とはいえ、料理はおいしく、しかも、ご馳走になっているわけだし、これから本丸のご自宅へもお邪魔しなくちゃいけないわけだし、でも、お付き合いでカメラを回しておくなどというのも失礼だし……。

真っ赤な手すりとコンクリートの洒脱《しゃだつ》な旧希林邸。アタフタするカメラの前で、問わず語りが始まった。思い起こせば、もうこの時、希林さんが天性のプロデューサーなのだということを感じ始めていた。

渋谷の自宅の様子は、冷蔵庫の中までご披露していただくことになった。さまざまなもののご開帳に、ツアーコンダクターに付いて回る海外旅行客よろしく、ホーホーと顎を上げて溜息を漏らすばかりだった。

そうして、お気に入りの椅子に座ってのインタビュー。思い出してみると、どの現場でも、希林さんの中には、夫の内田裕也さんの存在があった。夫婦なのだから当たり前なのかもしれないが、そういう範疇を超えている。その意味が、初めて少しわかったような気がした。

希林さんが語ったのは、釈迦《しゃか》とダイバダッタ……。突如飛び出した仏典の話に視界が開かれた。機会を窺っては、釈迦の命を狙うダイバダッタ。彼は、釈迦の弟子であり、実の従兄弟でもあった。危うい関係であったにもかかわらず釈迦は言った。「釈迦が釈迦たり得たのはダイバダッタがいたからこそ」と。

それは、自分にとってままならない存在がいることで、自分のありようが照らし出される。混沌の中にこそ、豊かなものを感じ取る。希林さんが、裕也さんという存在を通して、どのように人生を深めてきたかを垣間見た思いがした。

歌人との対話

歌人の岡野弘彦さんを訪ねたい。それは、希林さんの提案だった。その昔、岩波書店のPR誌『図書』に、希林さんが文章を載せたことがある。岡野さんは、亡き恩師・折口信夫について触れた希林さんの文章に感銘し、手紙と自著を送った。その後の宮中歌会始。召人は岡野さんだった。希林さんを呼んだ。しかし、岡野さんは体調を崩して欠席した。二人は会うことができないまま、時が過ぎた。私たちは、希林さんの出演が決まってすぐ、参考資料に『別冊太陽』の伊勢神宮特集を送った。そのなかに、岡野さんの和歌があった。

「あまりにも静けき神ぞ　血塗られし　手もてつぐなふ　術をおしへよ」

岡野邸は、私の生まれ故郷でもある静岡県伊東市の別荘地にある。

「お待ちしていましたよ」

希林さんを優しく迎え入れた岡野さん。窓の外は、樹海。そして、その向こうに紺碧《こんぺき》の海が広がっている。対面の機会を逸していた二人の物語が動き出す。神様のこと、神宮のこと、時代のこと、話は広く深いものになっていった。対談の終盤、岡野さんは言った。

「戦争のことを語らないなら、何のために私がこの時代を生きたかわからなくなる」

死者の声なき声を、時代を超える歌にしてつないでいく……。「メディア」という言葉が脳裏に浮かんだ。そして、和歌とは何か、歌人とは何かを初めて知った。身体は、魂を乗せる舟。激しさと穏やかさ。メディアとしての歌人。メディアとしての女優。私のすぐ目の前に、大きなメディアが、座っていた。

巫女と侍従

神様のお引越し。遷御の儀の深夜、伊勢神宮のおかげ横丁で生放送をした。そのゲストに希林さんは和服で出演してくれた。放送を終え、夫婦岩で知られる二見浦の旅館に引き上げた。昭和天皇が泊まった特別室が希林さんの部屋で、そのすぐ横にある侍従《じじゅう》の部屋に私と伏原健之ディレクターの布団が敷いてあった。中継スタッフの撤収まで見届けてから宿に入るという伏原を、ビールを呑みながら待つことにした。希林さんが、手品師のようにボストンバッグからつまみを出す。

深夜に及んだ仕事で、三本目のビールを開けるうち、侍従は人生相談をしていた。希林さんといると、心の内に仕舞ってあるコリコリしたものを喋らずにはいられない。

自分の悩みを吐露しながら思い出した。映画『約束～名張毒ぶどう酒事件　死刑囚の生涯～』（二〇一三）の舞台挨拶の会場で質疑応答をした。その時、「希林さん、放火事件で、私の父は、犯人の汚名を……」とか「希林さん、夫が……」とか、大人しそうな人が満座の中で意を決して話すのだ。

あの時と同じようなことが、伊勢の旅館で起きている。私は息子との確執を話していた。

希林さんは、泣いていた。「あなたも大変ねぇ」とか言ってくれると心の隅で思っていたが、まったく違った。

「息子さんが、可哀そう」

むしろ、私は叱られ、そして、そのことで気が楽になった。この人は、もしかしたら巫《み》女《こ》……。波音の聞こえる窓の外、遷宮の夜は白々と明け始めていた。

謎の雄叫び「私は女優よ〜」

徹夜明けの参拝。希林さんは、真新しい正殿に向かって進む。カメラが、石段の下から後ろ姿を追う。新旧正殿の違いはあるが、初参拝と同じ構図だ。

「何もお土産、新築祝い、持ってきませんでした……」

二拝二拍手一拝。その時、正殿の御帳《みとばり》の大きな白い布が、ファッ、ファッ〜。風に大きく舞った。真新しい神様のおうちが、希林さんの眼前に現れた。石段を下りてくるその姿は少しリズミカルで、表情は少女のようだった。それがロケのクライマックスとなった。

名古屋に戻る大きなロケバス。車内は、ゆったり、希林さんと私と伏原ディレクターの三人だった。伊勢を出ると、ほどなく睡魔に落ちた。そして、目を覚ますと、高層ビル群が見えた。振り返ると、バスの後部座席で希林さんは完全に横になっていた。名古屋駅まではまだ五分くらいあるだろうか。ぎりぎりまで寝ていただこう。

ロータリーに車が入ったところで声をかけた。

「希林さ〜ん。希林さ〜ん」

「ええ？　何？」

「名古屋駅です」

ガバッと体を起こし、外をキョロキョロ……。

「え〜と。あのー。名古屋駅に……」

「なあに、突然、名古屋駅って。私は女優よ〜」

何だか、爆発的に面白いと思ったのだが、この時、希林さんが発した「私は女優よ〜」の意味が、いまだに私にはわからない……。


「いきることにつかれたらねむりにきてください」


『神宮希林』のテレビ放送は、二〇一三年十一月。中身は六十四分。希林さんはナレーションスタジオで、上機嫌だった。VTRも原稿も、この時が初見で読み始める。あっという間にナレーション撮りを終えて、こう言った。

「ふつう、捨てるところばかり使うんだから。だから、面白いのかもしれないけどね」

たとえば、伊勢うどんの店で、ハッピをめぐる大騒動。ほぼ撮影が終わったところで、店の女将が、遷宮の時に着用する特製のハッピを開いて、希林さんに進呈しますと申し出る。「これいいでしょ」と自信満々の女将に希林さんは一言。「いらない」と言い放つ。ハッピを挟んで、受け取る・受け取らないの押し問答が続く。こういうシーンが、希林さんが言う「捨てるところ」だ。しかし、そこには、モノをめぐる考え方が端的に、しかもユーモラスに出ている。捨てるどころか、珠玉の場面だ。

ナレーションを収録した後、私は、映画にして広く観てもらいたいと思った。すぐに、『神宮希林 新春マックス』というタイトルで一一〇分のバージョンを作り、それを映画版に転用しようと考えた。しかし、あんなに楽しそうにナレーションを入れたのに、映画化の話をすると希林さんの表情は一変した。テレビと映画……。この作品をどう解釈するか、考えているようだった。年明け、お年玉が届いた。

「映画にするには背骨がしっかりしていない。作品が饒舌すぎる……」

そして、とどめの一言があった。

「映画は、歴史に残るものだから」

希林さんの答えは、「映画化はノー」だった。しかし、ここで諦めず、もう一度推敲してみてはどうかと、希林さんと伊勢神宮の塩梅《あんばい》を考えながらテーマを深めてみた。結果、九十六分へとダウンサイズしたが、表現は鮮明になった。

編集したものを渋谷の希林邸に持ち込む。最終試写だ。ここでダメなら、映画化はない。それより、もうひと押ししたことで希林さんに見切りをつけられてしまうかもしれない。

「やっぱり映画は、やめて」

いつ、そう口が動くか……。

「あなたたちとは、もう仕事しない……」

映像を観ている希林さんの表情を見ていた。

「うん。いいわね。これなら少しはわかってくれるかもね」

すかさず、タイトルを提案した。『神宮希林 わたしの神様』と。

「そうね。いいんじゃない。『いきることにつかれたらねむりにきてください』って、ポスターの横に書くのは、どう？」

映画館に、寝に来る……？　私には、その意味が何のことかまったく理解できなかったが、映画化の同意をもらった安堵で、頭の中は空っぽになっていた。ただ最近になって、希林さんの気持ちが少しわかるようになった。「軽い気持ちで来てね。寝ちゃってもいいのよ」と自分を描いた映画に、恥じらいを表現したかったのだと思う。ただ、希林さんは映画の宣伝の席で、こうも言った。

「出版社から自叙伝を書いてと話が来るけど、これからは、この『神宮希林』があるから、書きませんって言える」

希林さんは結局、三つのバージョンの『神宮希林』に付き合ってくれた。そしてそのたびに、吉永小百合さん、浅田美代子さん、本木雅弘さんたちに観せていた。希林さんは、その感想にいつも心が揺れているように思えた。リアクションを楽しそうに電話してくれる時もあれば、そうでない時もあった。ある時は少女のように笑いながら、ある時は厳しい母が叱咤するような……。一つ一つの揺らめきは、作品を世に出す迷いだけではなかった。それは、これまでにはなかった素顔の自分が描き出されていると感じていたからだと思うのだ。

見えないものの力

二〇一九年秋、希林さんの日々をなぞるように、娘の内田也哉子さんと旅をした。その年のクリスマスの夜に『樹木希林の天国からコンニチワ』を放送するためだ。

『神宮希林』『戦後70年 樹木希林ドキュメンタリーの旅』全六本、そして『人生フルーツ』のナレーション出演から続いた『居酒屋ばあば』『ジブリとばあば』『ばあばとフルタヂさん』など、番組を企画しては希林さんを旅に誘った。たくさんのロケをしたが、放送に載せられなかった場面がたくさんあった。

希林さんは、自叙伝や半生記は出さないと言っていたが、亡くなった後に出版された希林さんの言葉を集めた書籍は、記録的なベストセラーとなっていた。実は、未使用の放送素材をまとめるには、私の気持ちはまだ切り替わっていなかった。ぼんやり、三年ぐらい寝かせる時間が必要だと思っていたが、出版ラッシュに心が穏やかではいられなくなっていた。

一周忌が近づくにつれて希林さんについての問い合わせが私にまで押し寄せたことが焦りに拍車をかけた。これは、紛れもないムーブメントだった。それでも、ご家族をそっとしておきたいとも思っていた。あれこれ迷った末、七月半ば、意を決して番組を作りたいと娘の也哉子さんにメールを送った。

しかし、私の心の中では一番気の合う叔母を亡くしたようなグジュグジュが続いていた。その死を仕事にすることに割り切れないでいた。だが、タイミングを逸したテレビマンほど間抜けなものはない。編成部員に席まで来てもらって、なぜか説教をした。

「東海テレビにしかない財産だから、希林さんの特番を作ってくださいと私に言いなさい」

八つ当たりもいいところだが、自分で自分の尻を叩くだけでは、足りなかったのだ。

也哉子さんからの返事を首を長くして待った。大きな母と破天荒な父を相次いで亡くし、まだ一年も経っていない。まして、今はイギリスでの生活だ。届かない返信を待ちながら、番組には也哉子さんとの旅が欠かせないと考え始めていた。希林さんと裕也さんのお葬式での喪主としての挨拶、そして『週刊文春WOMAN』の連載記事。也哉子さんの文章は、人の心を掴んでやまない特別なものがある。也哉子さんというナビゲーターが、希林さんの旅、希林さんの言葉をどう味わうかを表現したいと思った。

二〇一九年十月。希林さん不在となったご自宅に也哉子さんを訪ねた。希林さんが息を引き取ったその場所で、ブラウン管のテレビで映像を観ながら、インタビューは二時間に及んだ。

かつての映像と也哉子さんの話を聞いているうちに、テーマが絞られていくのを感じた。それは、「見えないものの力」。すぐにわかりたがる時代へのメッセージが導き出されていく。

希林邸のリビングには、一枚の絵のレプリカが飾ってある。村上華岳の『太子樹下禅那』という作品だ。菩提樹の下で禅の修行をする若き釈迦が、淡い色調で描かれている。モノに執着のない希林さんが、この絵にはこだわった。京都現代美術館「何必館」の梶川芳友館長に、絵の複製の製作を依頼して自宅に迎え入れたくらいだ。番組は、この一枚の絵を軸に、「見えないものの力」と希林さんの謎を重ねながら進む。

希林さんとのたくさんの旅の中から、娘の也哉子さんを長野県上田市の「無言館」に、そして伊勢に誘い、最後は静岡県伊東市の歌人・岡野弘彦さんのご自宅へと足を延ばした。也哉子さんは旅の終わりに、怒濤のような一年を振り返って、母を静かに弔う気持ちになれなかったこと、そして、旅を通じて、母ともう一度出会えたような気がすると話した。

私は、原稿を書いた。そして、ナレーターをお願いしたスタジオジブリのプロデューサー鈴木敏夫さんに託した。

「希林さんの謎。どうやら、一つもまともに解けません。ただ、こんなふうに言われているような……。感じること。すぐ答えを求めず、ゆっくり考えること。祈ること。心を空にして、ゆったり感じること……」

日々の暮らしと、ありのままを、希林さんは私たちの前で広げて見せてくれた。その晩年の姿は、とても真似のできるものではないが、少しでも近づきたいと思える人間存在だった。

女優、樹木希林。「見えないものの力」を纏《まと》った、大きな人だった。

第5章 世の中には理解不能な現実がある

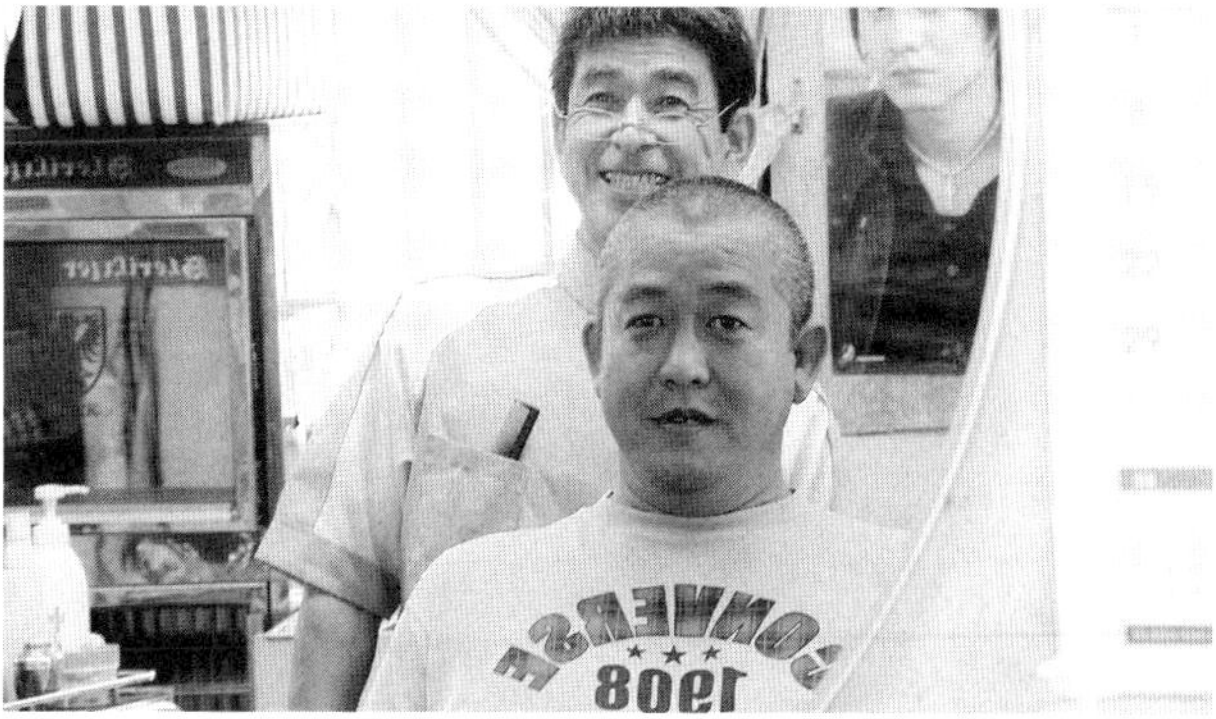

『ホームレス理事長～退学球児再生計画～』より

『ホームレス理事長〜退学球児再生計画〜』（二〇一四）

得体の知れないはるか外へ

名古屋・栄の十四階建ての東海テレビ。番組制作部門は、その五階と六階にある。〈六階〉は、ニュースや広報番組、ドキュメンタリーなどを担う報道局とスポーツ局、そして〈五階〉は、情報番組やバラエティの制作局だ。フロアが一階下というだけなのに、私は〈五階〉のことをあまりよく知らない。ただ、人事異動で〈五階〉からきたスタッフを見ていると、番組を作る際の作法が〈六階〉とは相当違うのを感じる。

土方宏史は、東京制作部で昼ドラのアシスタントプロデューサーが振り出しだったが、一年で配置転換、本社の制作部でディレクターやプロデューサーをしてきた。そして、二〇〇九年、〈六階〉へ異動となり、何でも取材する遊軍班の一員となった。テレビマンとして十年以上のキャリアがあるのだが、交通事故の現場からデパートの催事まで毎日走り回ることになった。

「どうでしょう。土方にドキュメンタリーをやらせては……。話にこさせます」

ニュースの編集長が、嬉しそうに土方を推薦した。題材は、ニュースで扱っていた「ル

『ホームレス理事長～退学球児再生計画～』（2013年１月放送、14年２月ロードショー）

廃校になった高校のグラウンドに、白球を追う若者たち。さまざまな理由で前の学校をドロップアウトした“元高校球児”たち。しかし、再チャレンジを掲げたチームの運営は赤字続き。理事長は金策に走るが、果ては家賃滞納からアパートを追われ、ネットカフェを転々……。それでも突き進む。東海テレビドキュメンタリー劇場第６弾。

プロデューサー：阿武野勝彦／監督：土方宏史／撮影：中根芳樹／編集：高見順
音楽：村井秀清／音楽プロデューサー：岡田こずえ／効果：久保田吉根
VE：栗栖睦巳／TK：河合舞／宣伝・配給協力：東風

ーキーズ」。愛知県常滑《とこなめ》市で活動する野球チームで、理事長が大ヒットした漫画に感銘してタイトルをそのままいただいたという。

　高校野球には、毎年多くの新入生が入る。みんな甲子園を夢見て入部するのだが、なかには挫折する子もいる。特に強豪校にスポーツ推薦で入学した場合などは、中途で退部しようものなら学校にも居づらくなってしまうという。退部の理由は、ケガが圧倒的に多いのだが、監督など指導者とあわないというケースもある。折り合いが悪くて、その学校ではダメとしても転校して野球を続ければいいと思うのだが、高校野球の世界では、そういう生徒はどこも受け容れてくれないという。甲子園という光り輝く場所がある一方で、その影は深い。こうした実態はあまり知られておらず、ドロップアウトした球児たちの受け皿など、聞いたことがない。

「ルーキーズ」の山田豪理事長は、名古屋の高校野球、社会人野球の監督を経て、退学球児たちのためのチームを作った。根無し草になってしまった球児たちを受け容れて、通信制高校も併設して、希望者には大学野球などへの道を開きたいと汗まみれだった。

ニュースの企画として土方が取材していたのが、この「ルーキーズ」で、取材次第ではドキュメンタリーになるのではないかと編集長は考えたのだろう。

「編集長に言われて来ました」

口調でわかる。〈五階〉出身のディレクターは、〈六階〉のおじさんが珍妙な妖怪のように見えるのだろう。おっかなびっくりな様子で、要領を得ない話を続ける。

「で、やりたいの？」

「は、はい。やらせていただけるのなら」

しばらくニュース企画として取材を続けながら、折を見てドキュメンタリーに転換しようか、ということにした。それから、土方は足繁く現場に行くのだが、会社で私の顔を見つけると近寄ってきて、取材の進捗を報告しはじめる。要点を話しているのだろうが、ど

う も面白くない。放送したニュース企画を観ると、取材は行き届いているし、まとめ方も上々だった。しかし、あらかじめ台本があって、それに沿って登場人物を動かしているような感じがするのだ。これが、〈五階〉の人々が作るものに感じる「映像の塗り絵」の正体だ。こうしておけば、上司やプロデューサーが納得するという逆算・答え合わせのなれの果てだ。画面から噴き出すような熱を感じない理由は、熱血監督と問題球児たちという図式化にある。

「で、チームの理事長は、何してるの？」

「理事長ですか？　……理事長は金策です」

「金策。お金集めか……。それを、やりなよ」

「……」

「金策」という単語に、私は反応した。そして、ニュース企画にありがちな物語に興味が持てないこと、むしろ退学球児を再生させたいという世にも稀な集団で、誰が、何に、どんなふうにもがいているかを知りたいと告げた。

「で、ねぇ。取材の途中の報告はいらないよ。困った時だけおいで」

ディレクターがプロデューサーに報告をしなければならないことなど、本当はほとんどない。私にとっては、ただの苦痛な儀式だ。そして、会社の机で想像できる程度のことをディレクターに映像化させるようなことをしてはならないと思っている。そんなことがテレビの仕事だと思って繰り返していると、人間が傲慢になる。全知全能の神でもあるまいし、「世界はすべて私の頭の中にある」と思い込むような勘違いだ。取材スタッフの仕事は、現場で想像を超える現実に驚き、そして面白がれることで、それをどう支えてやるかが、デスクやプロデューサーの役目だと思うのだ。

　球児から理事長へ。グラウンドの中に向けていた視線を、得体の知れないはるか外へと転換した企画変更。これは、土方がこれまで繰り返してきた取材スタイルを、大きく逸脱する冒険になると思った。

社会に内在する凶暴性

『ホームレス理事長』の制作途上、頭に浮かぶイメージがあった。それは、若かりし頃の私の中の、ギリギリの自分だ。

　思春期の男子は、エネルギーの塊だ。身体の中に、異様な、あるいは、邪悪な別の生き物を抱えている。アイツは、若い身体を支配しようと蠢《うごめ》き、そして、心をグラングランに揺さぶる。

「お前の思い通りにはならないぞ！」。脆弱な理性が抵抗する。しかし、制御不能に陥れようとするアイツ。葛藤の不連続なエネルギーが目茶目茶に放出する……。思い起こすと、そんな悪夢を繰り返し見る季節が、私にもあった。

都会者が遊び呆けに来る温泉町には、魅惑的な裏路地が手招きしていたし、チンピラもニヤニヤとぐろを巻いていた。体内のマグマを抑えるのに、バスケに汗を流し、小説に没入し、御堂にこもり、経を唱え、そして猿のように自慰に耽《ふけ》った。そうしているうちに、ある時、邪悪なアイツを感じることがなくなっていた。

高校を中退した球児たちにとって、あの生き物を抑える術、それが、野球なのではないか。唯一といっていいほど野球しかない彼らからバットとグローブを奪うことは、絶望に等しい。いま、救いは、野球にしかない。いや、むしろ野球さえあれば何とかなる。世の中には、野球を失って邪悪なアイツと折り合いがつかず、生き惑う中退球児たちが少なからずいる。そして、それを知って、何とかしてやりたいと使命感に燃えている大人がいる。

自由な取材を始めた土方ディレクターは、生き生きとしていた。カメラマンと相談しながら取材を進めるスタッフワークを学んでいた。私は、その日その日の取材の狙いについて報告・相談を受けることを一切しない。合理的に取材をさせようという考えもない。カメラを担いで現場にいるだけで、素晴らしい場面に出会ったという経験があるからだ。撮りたいという欲求よりも、そこにいることが大事だとわかると表現の幅は大きく広がる。

私がニュースの企画を作っていた時、現場に行くまでにその日の目論見をカメラマンに話し、撮りたいものを明示して、会社に戻る予定時間を伝えた。放送が迫る中で取材をコントロールしなくてはならないのだが、取材対象は生きているから、何が起こるか、どう転ぶかわからない。携帯電話もない時代なので、会社に帰ってニュースデスクに現場の様子を伝える。そこで、デスクが取材前のイメージに執着すると、実態との乖離《かいり》をどうするか困ったことになる。乖離を小手先の工夫で埋めようとするディレクターもいるのだが、小さな無理を重ねることが何を引き起こすか考えなくてはならない。無理の繰り返しが、テレビの信用を失わせていく。私は、デスクとの衝突のほうを選ぶタイプのディレクターだったし、デスクもわかってくれる人々だった。

しかし土方は、半ば怒り、半ば諦め、仕事なのだと自分に言い聞かせてきたのだろう。今は、長年の呪縛から解き放たれた自由の身だ。番組制作の途上で、「自由は怖い」とも笑いながら言った。航路の決まった連絡船とは違い、初めて大海に漕《こ》ぎだした小舟は不測の揺れに慣れていない。しかし、やがて自分の力を試せるドキュメンタリーの醍醐味に、身をゆだねる余裕が出てきたようだった。

九連発のビンタシーン

『ホームレス理事長』(二〇一三年一月放送)には、予想をはるかに超える数の意見や感想が寄せられた。そのなかの感情的な非難が気になったので、番組のホームページに〈プロデューサーより〉という文章を書いて応えることにした。

波紋を呼んだ九連発のビンタシーン

〈たくさんのメールをありがとうございます。多様に番組を受け取ってもらえたことを嬉しく思います。その中に、池村監督が選手を叩くシーンについて、不愉快だったという感想が複数ありました。不快な思いをされた皆さんにはお詫びします。このシーンについては面白半分に、またセンセーショナルを狙って出したわけではありません。この番組は「ルーキーズ」というチームの成り立ちと現状を伝えることが、骨子です。ですから、チームの内外の様子をドキュメントし、その内容を包み隠さず、お知らせすべきだという信念から放送することにしました。放送に至るまでに悩みました。しかし、番組を作る側が配慮を繰り返し、また観る側が自粛の圧力をかけるような関係が、よりよい社会を作る礎《いしずえ》になるとは考えられません。

まず、高校の野球部からドロップアウトした青年たちのやり場のない実態があります。そして、「ルーキーズ」という場を通じて、生き生きと白球を追う青年たちの姿に出会いました。そして、その場を維持しようとしている人々の思いも知りました。批判するのは簡単ですが、これまでにない新しい場を設けるのは、一筋縄ではありません。「ルーキーズ」と理事長の現状は、私たちの社会の一つの断面だと思います。そして、この番組を観た皆さんの考え方も、この社会のありようを映し出していると思います。人のやらないことを切り開く…。その人物には、長所も短所もあるでしょう。そして、怪しげなことも純粋なことも、理解不能なこともあるかもしれません。人間は多面体です。一つの番組で生身の人間のすべてを伝え切るのは難しいことです。番組を作る時、私たちは番組を観るかもしれない皆さんの存在をイメージしますが、皆さんにあわせて番組を作ることはしません。その時々の気持ちにフィットしたり、しなかったり、番組を受け取る側もまた多様だと思うからです。最後に、私たちは誰かを傷つけるために、番組を作っているわけではありません。今後も、多様な生き方を認め合う優しい社会を目指して、皆さんと一緒に歩みたいと思っています。激しい気持ち、厳しい批判、そして励ましの言葉、たくさん頂きました。今後の番組作りに生かしていきたいと思います〉

「ルーキーズ」は山田豪理事長、池村英樹監督という体制で、高校を中退した球児たちの指導にあたっていた。ドキュメンタリー『ホームレス理事長』には、池村監督が九連発のビンタを選手に浴びせるシーンがある。最も大きな反響を呼んだシーンだが、これは一つの事件と放送のタイミングによるものだった。

大阪市立桜宮高校のバスケットボール部で、顧問の体罰を苦に生徒が自殺した。事件は、暴力追放、体罰撲滅の流れとなっていった。ただ私は、この事件で教育と暴力という問題を考えるのは、ちょっと違うのではないかと考えていた。

問題の根っ子は、プロを頂点とするスポーツ界のピラミッド体質だ。高校や大学へのスポーツ推薦、社会人やプロチームへの橋渡しは、がっちりと構造化している。もし、スポーツ・ピラミッドから滑り落ちると、選手は二度と日の目を見ることはない。だから、推薦の鍵を握る監督に、生徒たちは生殺与奪すら掌握されていると感じてしまう。

たとえば、高校野球の場合、強豪校から別の強豪校へ移って活躍したという例を聞いたことがない。一度入学したら、監督とソリが合わなくてもその学校で全うするか、野球を諦めるか、二者択一なのだ。桜宮高校の事件は、スポーツ推薦の暗部を問い、選手が転校できる選択の自由を高めることが論議されてもよかったのだが、問題は体罰に矮小化された。むしろ、そこがメインテーマではないが、『ホームレス理事長』は、スポーツ・ピラミッドの根底に関わる問いであるとさえ思うのだった。

その人、その集団を描くのに、必要不可欠なシーンがある。その積み上げが、現実にアプローチするドキュメンタリーの醍醐味だ。

池村監督は、自分の手首を切ったという選手に、命の大切さを伝えずにいられなかった。監督は、体罰と逮捕という苦い過去が自分にあるのに、手を上げずにはいられなかった。そんな体罰監督のところへ行きたくない、それはそれでいいし、真剣に諫《いさ》めてくれる指導者だと考える人がいてもいい。私は、それが「ルーキーズ」というチームの実像だと思うのだ。

しかし、桜宮高校事件の渦中で放送されたことで、『ホームレス理事長』という番組を不謹慎だと全否定するような反響があった。さまざまな意見に耳を傾ける。しかし、シーンを削除して謝罪せよなどと表現の根幹に土足で踏み込んだり、果ては、ビンタをした監督を暴行罪で刑事告発する視聴者まで現れた。世の中に、どんな感情が渦巻いているのだろう……。〈プロデューサーより〉という文章は、そうしたなかで綴った。

放送後の反響は、人の俗情を刺激したかのように悪口のオンパレードだった。

「理事長の考えが甘すぎる」「指導者は大局的に物事を見られる人がやらなければ、子どもたちが犠牲になる」「理事長の馬鹿さ加減が情けない」「頭が悪すぎる」「土下座する暇があったら働け」「金策より、タバコやめろ」……（二〇一三年一月『ホームレス理事長』に寄せられたメールより）。

確かに「ルーキーズ」の山田理事長は、グダグダなところはある。しかし、番組を観ただけで、ここまでこき下ろせるものだろうか。心の中で思うのと、ＳＮＳやメールで表明するのはずいぶん違うことだと思うのだが、それすらわからない人々が増えているのだろうか。この社会に内在する凶暴性が剝き出しなって目の前に現れるようになったのだと思った。これは、心してかからないと、テレビは俗情の捌《は》け口《ぐち》に成り下がってしまう。理事長への罵詈雑言、『ホームレス理事長』というドキュメンタリーへの批判のありように、これまでのテレビと視聴者という関係だけでは済まなくなると思わされた。

口だけの常人より、実践する変人

日本のテレビは、変人を変人として描けない。要するに、わかりにくいからだ。だが、ドキュメンタリーには、変わった人を描くことができる表現として、まだ余白が残っていると思う。振り返ってみると、わかりやすさを求められる濁流のなかで、抗わない良い子を演じ続けているうちに、テレビドキュメンタリーは勢いを失くした。その証は、題材の定型化に、表れている。

新しい世界を切り拓いた人を、私たちは讃える。しかし、讃えられる以前は、大概、変人のように扱われていることが多い。ノーベル賞の受賞者を例に出すまでもないが、受賞すると、突然、尊敬の対象になる。だが、仕事にのめり込んでいた若き日の彼らを理解できる者など、そうはいなかったはずだ。

ならば、成就することの大小は別にして、変人が切り拓いてきた歴史に思いを致してみてもいいのではないだろうか。少なくとも、常識的で、計算が立ち、ちょっと先が見通せるぐらいの人々が、大きな変革を起こしたことはないのだ。もう少し言うなら、口だけの常人より、実践する変人が尊重される社会のほうが面白いはずだ。

山田理事長も、また、切り拓く人である。もっと踏み込んで言ってしまおう。不登校、暴力、闇金、ネットカフェ……。このドキュメンタリーは、社会からはみ出した世界の連続だ。理解できない人々もいるだろう。しかし、世の中には理解不能な現実だってあるものだ。理解できないと切り捨てるのではなく、まあそういうこともあるかと許容するほうが豊かな生き方だと思うのだ。考えてみれば、子どもの頃にわからなかったことが、ある日、合点がいくこともある。人間の脳は、思っている以上に度量が大きいはずだ。

それでも、自分の理解を超えたことをどうしても認めない人がいる。そういう人に限って、とても整った論理で批判を展開する。だが、理事長や退学球児が実際に生きていることは事実で、そのことだけは否定することはできない。

華やかな高校球児たちの甲子園がある一方で、毎年、九〇〇〇人を超える球児たちがグラウンドを去っている。山田理事長が紆余曲折の末に失敗したとしても、その行動は轍《わだち》となる。彼が突き進む世界を信じてみてもいいと、私は思うのだ。

『ホームレス理事長』が東海テレビの番組審議会で議題になった時、あまりの無理解に、思わず口にしてしまったことがある。「私たちの社会は成功者だけでできているわけではありません」。審議会のメンバーはみな社会的地位の高い、いわば成功者だ。だからなのか、ゼロから始めて、汗と泥にまみれながら前に進んでいこうとする理事長のいまを理解できないようだった。少々嫌味で言ってみたのだが、テレビは、これからどうなるかわからない不確定要素の多い「途上の人」を扱うことを避けて、すでに成功を収めた人を褒めそやしてきた。

審議会のメンバーの一人は「ルーキーズ」の経営状態を調査してきて、「いかがわしい」と一刀両断で、このような人間をテレビは扱うべきではないと否定したのだった。テレビというメディアの可能性は、一体何なのだろう。成功者の物語をなぞる「結果論のメディア」として終わっていいのだろうか。「あなたのお子さんが、お孫さんが、退学球児だとしたら……」。そう言ってみればよかった。

ディレクターに土下座する理事長

『ホームレス理事長』への非難は、ここで終わらなかった。当初、フジテレビ系列のドキュメンタリー大賞で放送されるはずだった。この賞にエントリーすれば、ド深夜ではあるが全国の視聴者に届けられる。しかしローカルで放送した後、視聴者の反響や番組審議会の評価などを受けて局内が騒がしくなった。しばらくして「フジテレビが放送できないと言ってきた」という話が舞い込んだ。

「ビンタシーンを暴力と捉える」「第三者が訴えてくることがある」「ビンタしているのを見ながら、スタッフはなぜ止めなかったのか」「放送基準にそぐわない」……。

フジテレビが放送できないとする理由はそんなだった。最後は「ドキュメンタリー大賞にエントリーするのは自由だが、フジテレビでは放送しません」という結論になった。大賞を獲ったら賞金とともに全国同時ネットの放送が付いてくるという仕組みになっているのに、エントリーはできるが放送しない……。もう訳がわからない。

考えてもみれば、私たちのドキュメンタリーは、全国ネットにならないからこそ、二〇一一年、広く観てもらうために劇場公開という道を開いた。その根っ子は、テレビが窮屈になって力を失っていくのを何とかしたい、ということでもあった。だから、放送を断られたってどうということはないのだ。しかし、テレビとは何か、表現とは何か、そして、これからのテレビはどうなるか、そんなことを考えているうちに、私はフジテレビ系列から放逐されるべき変人になってしまったのかもしれない。


理事長が、土下座する。土方ディレクターに、金を貸してくれと懇願する。延々ノーカットで十五分を超えるシーンがあった。

山田理事長は、寄付金集めに必死なのだが、どうも要領が悪すぎる。時間のない相手に、

土下座して借金を申し込む山田豪理事長

少子化と高齢化の中の「ルーキーズ」計画など大風呂敷を広げたり、飛び込みで入ったカラオケ喫茶で、逆に地元の演歌歌手にCDを買わされたりする。そんな理事長が、資金繰りに窮まって取材スタッフに借金を申し出る。はじめはふざけているのかしらという雰囲気なのだが、だんだん様子が変わっていく。

迫られたディレクターは、「私たちが状況を変えてはいけないから、金は貸せない」と、彼のドキュメンタリー論で答える。しかし、執拗な土下座は号泣へ。中根芳樹カメラマンはもらい泣きしながら撮影位置を探る。音声マンは、呆然と立ち尽くす。そして、ディレクターはなぜか可笑しくて笑いをこらえていたという。映し出されたシーンは、現場の混沌とした関係性そのものだ。

編集第一稿でモニターした時、このシーンは、切り刻んで短くなっていた。ディレクターとブームマイクを持つ音声マンの映り込みも上手に処理されていた。しかし、これは語り継がれるような名シーンだと思った。

「この一連の土下座のところは、ノーカットにしてくれ」

私は提案した。理事長の心根、その背後の球児たち、取材スタッフそれぞれの距離、そして番組を観る人それぞれの立場をも問う、これぞドキュメンタリーという鮮烈なシーンだった。

編集の途上、ドキュメンタリーでは取材対象に金を貸してはいけないのかが話題になった。そんなこと一度もなかったので、突き詰めて考えたことがなかったが、私はこう言った。「貸してもいい。だけど、貸したことを、さも貸さなかったようにはできない。貸したら、貸したことまで描き込むことだ」

人生は続いている

二〇一四年、『ホームレス理事長』を東海テレビドキュメンタリー劇場第六弾として公開した。映画館の控え室で山田理事長は挙動不審だった。「緊張してるんですか」。聞けば、舞台挨拶に来るという告知を見た借金取りが客の中にいるというのだ。トークを終えた後、劇場支配人が理事長を秘密の通路で裏口に誘導する逃走劇となった。「ルーキーズ」は、それほど経営が悪化し、内部でのいざこざも続いた。しかし、番組を観て支援を申し出る企業が現れ、徐々に軌道に乗っていった。

　この映画は、それまでの六作の中で、入場者数はぶっちぎりの最低だった。全国公開したのだが、都市部での不発が響いて地方の隅々まで行き渡らず、興行としては大きな赤字となった。しかし、映画界の中で、小さな変化を巻き起こした。これまでの作品について「テレビ的だ」と斬り捨てていた映画人が、この作品を高く評価したのだ。動員失敗の同情かと思ったが、そうではなかった。「東海テレビ作品は、新しい段階に進化している」。そういう論評だった。

　二〇一八年、『ホームレス理事長』のその後を取材・放送した。時々、連絡があるので、「ルーキーズ」の状況を知らないわけではなかった。しかし、改めて映像化してみると、不思議な感慨があった。「石の上にも」というが、映画の公開から、もう三年が経過していた。「ルーキーズ」は、今も存続している。ボロクソに言った人々の批判は当たらなかった。卒業後に大学や社会人で野球を続けている球児もいるし、青春時代の「邪悪なアイツ」に支配されたような顔をしていた球児も、それぞれの道を歩んでいる。

　そして、二〇一九年。山田理事長は、「ルーキーズ」の地元・愛知県常滑市の市議会議員選挙に出馬して当選した。しばらく選手たちと共同生活を続けていたが、市議会で提案した空き家の活用を実践するため、自ら古家に住むことになった。

　オセロにたとえて、たとえ四隅を取られても勝つような人生でありたいと笑っていた彼。どう考えても勝算のなさそうな道を歩く彼。撮影しているカメラの前で土下座までして借金を申し出た彼。そんな彼は、もう「ホームレス理事長」ではない。……と、この章を締めたはずだった。しかし、ドキュメンタリーは未完のまま続いていた。これを書き終えた二〇二一年春、山田豪理事長は、やってしまった。

「あいちトリエンナーレ」（二〇一九年開催）をめぐる愛知県知事のリコール署名運動に、副事務局長という肩書で参加、署名の水増しに加担した。自分の指印を他人の署名に押すという不正に関わったと告白したのである。事務局長に指示されたが、「ルーキーズを巻き込むことは拒否した。しかし不正に関与したのは間違いない。法の裁きを受けて罪を償いたい」と彼は言った。

そして、二〇二一年五月、事件は大詰めを迎える。事務局長など四人が地方自治法違反容疑で愛知県警に逮捕された。しかし、逮捕者の中に、「山田豪」の名前はなく、書類送検もされていない。署名の偽造を罰する規定はあるが、押印には罰則がないからのようだ。それでも、教育に携わる者としては弁解のしようのない所業だ。潔く議員は辞職したが、彼のもっとも大事な「ルーキーズ」を守るには、離脱が避けられないだろう。

逮捕劇の夜、インタビューをした後、ディレクターは脱力した彼にセルフうどんをご馳走した。トレイには、素うどん、てんぷらの盛り合わせ、それに、おにぎり六個。満腹の彼が残した言葉は、「また裸一貫やり直します」。その夜の行先は、ネットカフェ。またしても、ホームレス……。ドキュメンタリーは終わっても、人の人生は続いている。

第6章
ドキュメンタリーを、誰が求めているのか

『平成ジレンマ』より

『平成ジレンマ』（二〇一二）

怒りを推進力に換えて

テレビマンになって四十年、私には願っても叶わない夢がある。それは、自分たちのドキュメンタリーをゴールデンタイムに全国ネットで放送することだ。

一九八一年、私が入社した頃、東海テレビのドキュメンタリーは、深夜のローカル放送だった。その後、土日の午後の放送となり、ここ最近は、『藤井聡太17才』『樹木希林の天国からコンニチワ』などが平日のゴールデンタイムでのローカル放送となった。だが、ゴールデンでの全国放送は、いまも実現していない。

願っても、叶わない。そんなことが長く続くと、心が歪《ゆが》むし、気持ちが萎《な》える。勢い、「フジがアホだ」「東海の編成には情熱がない」と、夜な夜な酒場で悲憤慷慨《ひふんこうがい》を続けることになる。五十歳を過ぎる頃、これではいけない、真人間にならないと成仏できないと三つのことを考えるに至った。

①お世話になってきた会社に、恩返しをする。

②ドキュメンタリーに、恩返しをする。

『平成ジレンマ』（2010年5月放送、11年2月ロードショー）

教育か、暴力か……。あの時代が裁いたものは、一体何だったのか。悪名高き「戸塚ヨットスクール」は、今も存在している。戸塚宏校長の元には受け入れを希望する訓練生が後を絶たない。もうどこのメディアも触れることのないスクールの中にカメラを入れ、スクールの側から社会を照射する。東海テレビドキュメンタリー劇場第1弾。

〈モントリオール世界映画祭正式招待、ギャラクシー賞〉

ナレーション：中村獅童／プロデューサー：阿武野勝彦／監督：齊藤潤一
撮影：村田敦崇／編集：山本哲二／効果：久保田吉根／音楽：村井秀清
音楽プロデューサー：岡田こずえ／VE：戸田達也／TK：河合舞／車両：鷲見禎典
宣伝・配給協力：東風

③テレビ界の発展のために、恩返しをする。

私なりの三つの「恩返し」だが、たいしたことは考え出せなかった。ただ、ドキュメンタリーを映画館でロードショーしてみたいということだけが、頭から離れなくなった。

しかし、劇場公開に向けて動き始めようとしたが、糸口が見つからない。はじめは、地元の映画館で封切り、これが連日大入り満員、全国に波及していくなどと夢見たのだが、そもそも名古屋の映画人はテレビをバカにしていたし、現実はまったく違った。

そして誰彼かまわず相談しているうちに、全国上映するには、東京の映画館が「旗館《きかん》」になることが必須だとわかった。テレビと同じで、とどのつまりは映画も東京一極集中だったのだ。その背景は、シネコンは大手が番組編成をしていて、邦画とハリウッド中心で、ヒットの期待ができないドキュメンタリー作品にはまったく興味がない。そうなると単館系・ミニシアターでの上映という道しかない。それも、シネコンでは上映されない夥《おびただ》しい映画作品が持ち込まれていて、テレビ生まれのドキュメンタリーなどは優先順位が最低レベルだ。それぞれが上映哲学を持っている単館のお眼鏡に適う作品かどうかが第一ハードルというわけだ。

運よく「旗館」が決まったとしたら、製作・配給元として試写会を開き、新聞や雑誌などに取り上げてもらうように宣伝活動をし、チラシやポスターを作らなくてはならない。多くの人に作品の存在を知ってもらうためには、さまざまなことに取り組まなくてはいけない。こういう宣伝には経験と費用が必要だ。配給を熟知する仲間を募ることと、宣伝費を捻出しなくてはならない。

ドキュメンタリーは、売れない、視聴率が取れない、金食い虫だ。これは、長年、テレビ界の一つの常識だった。ドキュメンタリーの映画化を提案すると、会社の事業担当は鼻で笑った。ビジネスとしては正しい対応だったのかもしれないが、「そんなに観てもらいたいなら、ネットの中に流しておけばいい」と捨て台詞のようなことを言った。私には

「不要なものは、どこかの川にでも捨てておけ」と聞こえた。映像を生業とするテレビ局で、仲間の作った作品に対して侮蔑するような態度に吐き気がした。

怒りを推進力に換えて、あっちにぶつかり、こっちでコケながら、人と人との縁に導かれて、映画館の扉まであと一歩というところまで来た。ジャーナリストの今井一さんから大阪の映画宣伝マンの松井寛子さんへとつながり、そして映画プロデューサーの安岡卓治さんの付き添いで、東京・歌舞伎町の喫茶店に辿り着いた。そこで、「東風」という配給と宣伝に力を貸してくれるドキュメンタリー好きの仲間たちに出会うことになった。

表現の扉を開きたい

一年で三本か四本。私たちが制作しているドキュメンタリーは、せいぜいそのくらいだ。番組には構想から放送まで半年から一年が必要だ。スタッフはディレクター、カメラマン、音声マン、編集マン、効果マン、TK（タイムキーパー）など全部で十人に満たない。志を高く掲げて作るのだが、ローカル放送で終わったり、全国で放送されたとしても「二十六時」台などと、今日のような明日のような時間だったりする。より多くの人にお観せしたい。表現の扉を大きく開いてみたい……。

二〇〇九年十月、産経新聞の山根聡記者から書評を依頼された。題材は『日本のドキュメンタリー』（岩波書店）。その第一巻を読んで、私はドキュメンタリー映画界の人たちの文章に苛立った。半世紀にわたるテレビドキュメンタリーの扱いが不当だと感じたのだ。怒りの筆で書きはじめた書評だったが、その怒りが自分の行動すべき方向を指し示していることに気がついた。

テレビと映画。この二つの世界でドキュメンタリーは途絶している。特に、ドキュメンタリー映画は孤高を志向しているかのようで、テレビの枠組に入りにくい状況にある。ならば、テレビの私たちが、映画の世界へと踏み出すことで、テレビと映画が交じり合い、豊潤な表現の世界が構築できないだろうか、そんな考えが膨らんでいた。

連作シリーズからスパーク

齊藤潤一ディレクターは、司法ドキュメンタリーをシリーズで取材し続けている。冤罪《えんざい》、裁判官、弁護士、犯罪被害者、検察官と続き、次の題材は、戸塚ヨットスクールだった。「なるほど、被告だな……」。一連の〈司法シリーズ〉として、取材は走り始めた。当初の企画書の仮タイトルは『懲役6年』だった。

東海テレビは名古屋に本社があり、愛知・岐阜・三重の東海三県をカバーしている。戸塚ヨットスクールは、三河湾に臨む愛知県美浜町にあり、私たちの地元だ。かつて『たたかいの海』（一九八二）というヨットスクールを取材した作品も東海テレビは制作している。時代のヒーローからヒールへと転落していく取材対象に、懸命に食らいつき、フィルムやビデオでさまざまなシーンを残していた。先輩スタッフの奮闘の記録が、今回、映画の素材として甦る。テレビ局は、制作者が組織的に連なっているという意味で、映像素材の宝庫である。

当時は、「教育か暴力か」。この二元論が戸塚事件の論争の柱で、世間は熱狂した。私も新人アナウンサーとして現場に行き、熱狂の嵐の中にいた。「暴力」と言った時点で「人権」が立ち現れ、排除の論理が激しく働き始めた時代だった。三十年近く経過した今、あの熱狂は、どのように見えるのだろう。戸塚ヨットスクールを入り口にあの時代を振り返ることで、今の社会のありようを照射できるかもしれない。齊藤ディレクターが取材の現実にブチ当たっているうちに、司法シリーズという枠から外れて、『平成ジレンマ』へと表現がスパークした。

ひきこもりと家族間殺人が平成時代の社会を覆う深い暗雲として垂れ込めている。「親がしっかりしていないんだ」と、問題のすべてを家族に背負わせて、個々の家族が解決策を見出すべきだと追い込む帰結で、打ち続く尊属殺人を抑止できるだろうか。いまや家庭は煮えたぎった釜のようだ。どうやって熱を逃がすか、家庭問題の社会化は避けられないはずだ。その時、「人権」という考え方は、どう捉え直したらよいのだろうか。子どもの側からの「人権」、そして、親の側からの人命……。あるいは、その逆。また、家族、地域、そして社会やコミュニケーションのありようが著しく変容して、いわば心と身体がバラバラのまま前へ進まなければならないかのようだ。

たとえば、「戸塚」を軸に考えるなら、「戸塚」に代わるものを作り出すことなく、排除したままの今の社会が問題として見えてくる。「戸塚」を肯定する、しないではない。否定するなら、それに代わるものを作る必要があったのだ。それが「戸塚」から学ぶということだ。時代の閉塞感などと括ってみても、出口が見つかるわけではない。どうしたらこのジレンマを止揚することができるのか。ヒントは、あの時代に捨て去った「戸塚」にあるのかもしれない。

テレビのために何ができるか

北海道から沖縄まで全国のテレビ局に素晴らしいドキュメンタリーの制作者がいる。しかし、その制作する番組の多くは私たち以上に予算も、放送時間も厳しい。だから、みな私たちと同じような閉ざされたイメージの中にいるのではないかと想像する。テレビ番組を映画作品に、というのは仕組みさえわかればそう難しいことではない。テレビであろうと映画であろうと、大事なのは表現の中身だ。地方のドキュメンタリーには、表現の扉を開くに十分な力を持っているものがある。映画館で上映して観客に喜ばれる可能性のある素材だ。

二〇一一年二月、『平成ジレンマ』のロードショーを始めたが、翌月に東日本大震災が発生し、その船出は厳しいものになった。しかし、十年後、私たちは十三作目の『おかえりただいま』を公開している。この間、ドキュメンタリー映画に二桁の地方局が参入した。また、数年前からBS日本映画専門チャンネルが、映画作品を中心に東海テレビ特集をゴールデンタイムでも放送している。さらに、海外へも翼は広がった。私の予想をはるかに超えるスピードで、ドキュメンタリーを取り巻く環境は好転している。

願えども叶わない地上波の全国放送……。その熱は、今は以前ほどではない。手探りで続けてきた映画が、まったく違う視野を開いてくれたからだろう。振り返ってみれば、より多くの人にドキュメンタリーを届けること、それが私の目指してきた恩返しの一つだ。

ワクワクするビックリ箱ではなくなってしまったテレビ。テレビの未来はどうなっていくのか……。テレビのために何ができるか、もう一つの恩返しを、今も考えている。

『青空どろぼう』（二〇一一）

四日市公害訴訟、最後の原告

死因は「気管支ぜんそく」。その人の訃報をメディアが大きく伝えた。二〇一九年一月二十五日、野田之一《ゆきかず》さん死去。享年八十七歳。四日市公害訴訟を闘った最後の原告だった。

自宅に野田さんを訪ねたのは、亡くなる前の春だった。「おー。来たか」。いつものしわがれ声が元気よく返ってきた。ひとしきりカメラを回し、機材を片付けていると、「おー、親分。これ、見てんか」。奥の襖をザッと開けた。

「あー。布団。敷きっぱなしですね」

「それやない。これや、これや」

万年床の寝室。指さした先の鴨居で、素描画の野田さんが笑っていた。

「親分。これはなぁ、ワシの宝物や。死んだらなぁ、これを遺影にしてもらうねん」

過呼吸を心配してしまうほど嬉しそうに喋る野田さんだが、私の名前を覚えていない。顔と名前が一致するのは、鈴木祐司ディレクターと塩屋久夫カメラマンで、たまにしか来ない私のことは「親分」と呼んでいた。素描画を自慢する野田さんを、少し恥ずかしそうに見ている画家がいた。塩屋カメラマンだ。

野田さんの家には、毎年、たくさんの取材がくる。分け隔てなく応対するが、野田さんの記者への視線は、本当は厳しかった。たとえば、人事異動のせいで、ここにはたくさんのニューフェイスが取材にやってくる。彼らは当たり前のように一から聞き始める。野田さんは、同じ質問に一から答える。どんなに上手な記事になっても、ほとんどその場限りの関係でしかない。野田さんは心の内をそう吐露したことがあった。だから、鴨居の素描

『青空どろぼう』（2010年11月『記録人 澤井余志郎〜四日市公害の半世紀〜』として放送。11年10月ロードショー）

「まだ、ありがとうとは言えない。青い空と海が戻った時、ありがとうと言いたい」。三重・四日市市で、公害記録人・澤井余志郎さん（右）と「四日市公害」訴訟の元原告・野田之一さん（左）が、子どもたちに、かつての空について語る。高度経済成長を支えることで光化学スモッグや煤煙を出し、多数のぜんそく患者を出した公害。今なお、ぜんそくに苦しむ人々の救済は道半ばだ。四日市石油化学コンビナートの向こうに原発事故の福島が見える。東海テレビドキュメンタリー劇場第2弾。

ナレーション：宮本信子／監督：阿武野勝彦、鈴木祐司／撮影：塩屋久夫
編集：奥田繁／効果：柴田勇也／音楽：本多俊之／音楽プロデューサー：岡田こずえ
VE：森恒次郎／TK：河合舞／宣伝・配給協力：東風

画は、野田さんの喜びであると同時に、私にとって誇りだった。

テレビ番組『記録人 澤井余志郎〜四日市公害の半世紀〜』（二〇一〇）は、『青空どろぼう』（二〇一一）に改題し、東海テレビドキュメンタリー劇場第二弾として公開した。

二人との出会い

『青空どろぼう』の発端は、二〇〇八年に遡《さかのぼ》る。東海テレビの開局五十周年の記念番組として、昔の取材現場や人を訪ね歩くシリーズ〈ドキュメンタリーの旅〉を企画した。

旅には旅人がつきもので、春と秋のよい季節には、永六輔さんにお出ましいただき、暑さ寒さの夏と冬は、ノンフィクション作家の吉岡忍さんに旅人をお願いした。〝ダムに沈む村〟から〝大学病院改革〟まで、さまざまなドキュメンタリーの現場を一年にわたって旅をした。そのなかの一本が〝四日市公害〟だった。

三重県四日市市磯津。伊勢湾に突き出た小さな岬。世帯数六百。鈴鹿川を挟んだ対岸には、今も石油化学コンビナートの煙突が林立している。人伝に紹介された静かなおじいさんに導かれて、かつての漁師町を歩く。狭い路地を抜け、ぜんそく患者の家に辿り着く。元漁師で原告だった野田之一さん。一九七二年、四日市公害裁判で勝訴したとき、野田さんは詰めかけた支援者の前で「まだ、ありがとうとは言えない。この町に、本当の青空が戻ったとき、お礼を言います」そう語りかけた。

戦後の高度経済成長を支えた化学工業。その成長の裏で、工場の煤煙によって付近住民にぜんそく患者が発生し、息を吐き出せない苦しみで自殺者まで出した。四日市ぜんそくは、日本の四大公害の一つだ。

玄関を開けると、すぐそこに居間があり、体格のいい野田さんがコタツにあたっていた。「マスコミは忘れた頃にやってきよる」。笑顔だが、目は笑っていない。つまみ食いのようにやってきて、去っていく奴らに、決して本心など見せない、そんな視線だ。案内の静かなおじいさんは、中庭の一隅に腰をかけた。万事控えめな人なのだ。吉岡忍さんのインタビューが始まった。野田さんのダミ声が家の中から漏れて聞こえてくる。私は玄関に半身を入れ、話に耳を傾けながら、ぼんやり庭を見ていた。

「いろんなんが来た。偉い学者センセイも来たし、政治家も来た。しかし、みんなワシらを利用して、最後は裏切りよった。ずっと変わらんのはなぁ……澤井さんだけや」

中庭。静かなおじいさんの手元が、あわただしい。カバンをゴソゴソ。眼鏡をおでこに上げて、ハンカチで目頭を拭きはじめた。「この人が、澤井さんその人なのだ……」。野田さんの心の中の思いと澤井さんの涙。胸を潰されるような感情が湧き上がった。

誰が青空を盗んだのか

澤井余志郎さんは、四十年にわたって、ぜんそく患者たちを支援する活動を無償で続けてきた。その内容は、事実の公表、社会的弱者の救済、企業と権力の監視。まさにジャーナリズムそのものである。しかし、澤井さんは新聞記者でもないし、テレビディレクターでもない。一市民なのだ。公害文集、公害かわら版、そして会報と、知り得た情報を刷りものにして、発行し続ける。「何よりも事実は強い」。これが、澤井さんの信念で、「公」にした時の事実の力を信じているのだ。

ガリ版時代の影響で右指は曲がらず、八十歳を過ぎて覚えたパソコンで、一字一字、公害記録を打ち続けている。しかし、澤井さん自身についてのまとまった記録はない。こんな男が、こんな気持ちで、こんなふうに生きてきた。澤井さんの道程を映像に残したい。

これが取材の発端となった。

「四日市公害は、終わった」「青空は戻った」。かつての公害の町、四日市から発信されるムードである。しかし、現地で取材してみると、公害は終わるどころか固着しているとさえ思えてならない。隠す。放置する。諦める。四日市では、あるものを、ないことにする構図が横たわっている。そうして、野田さんの「本当の青空」の不在を知っていくことになる。

一体、誰が青空を盗んだのか。それを「青空どろぼう」と呼んでみよう。澤井さんは、そのどろぼうを追い続けている。そして、それに触発されて、私たちも突っ込んでいった。どろぼうは、企業なのか、それとも行政なのか、はたまた……。

「公害」という面妖な言葉を作り出した社会構造は、どろぼうを見事に匿《かくま》う。そして、どろぼうは姿を消して、見えなくなる。「環境の世紀」と言いながら、直近の過去すら克服できないでいる。一体、本当の青空は戻ってくるのか……。野田さんは、いつ、みんなにお礼の言葉を言えるようになるのだろうか。

不祥事と受賞辞退

二〇一〇年十一月七日、『記録人 澤井余志郎』を放送した。澤井さんの人生を辿る物語の先に、私は、この社会の忘却体質を見ていた。しかし、パンチ力が欠けていたのか、放送直後の反響は鈍かった。

二〇一一年三月十一日。東日本大震災が起きた。原発事故で、偽りの安全神話が砕け散った。しかし、このこともまたすぐに忘却し、原発再稼働に向かうのではないかという危機意識が広がり始めた。

「四日市公害は、まだ終わっていない」と活動を継続する澤井さんの姿が、原発事故後の社会の空気に化学反応した。ドキュメンタリーは普遍性を追い求めるものだが、時代状況によって見方が大きく変わる。『記録人 澤井余志郎』は、一転して評価が高まった。この年の日本民間放送連盟賞教養番組部門での最高賞、最優秀賞に内定した。

しかし、第1章で触れたが、二〇一一年八月四日、「セシウムさん」事件が起きた。東海テレビは、不逞《ふてい》の輩の集まりだと指弾《しだん》され、その途上で日本民間放送連盟（民放連）の専務理事が東海テレビに乗り込んだ。その後、経営トップは、内定していた民放連賞五つをすべて辞退すると発表した。不祥事と受賞内定番組とは何の関係もない。唐突な受賞辞退の発表に反発したが、経営トップに聞く耳はなかった。

テレビ番組は、埋もれていく。なかには時の地層にすら堆積しないものもある。私が制作した番組もまた、一度きりの放送に甘んじたものがある。しかし、番組にはそれぞれ時代性、歴史性がある。制作者は、この時代にどういう表現を繰り出すか、コツコツ積み上げ、番組が埋もれてほしくないと苦悶する。番組コンクールで賞を獲れば再放送の機会に浴せるとか、開局記念で甦るとか、ささやかな希望を夢見たりする。

「セシウムさん」事件で責任問題を回避するために、番組を自分の持ち物のように差し出す経営者……。『記録人　澤井余志郎』は、今こそ大事な作品だと認定されたのに、受賞の辞退によって、時代の地層に捩れた形で置き去りにされることになった。テレビとは何か、放送史はいかに作られるものか……。

平成二十三年度の日本民間放送連盟賞のホームページには、「辞退」とともに「該当なし」の記載がある。ただ、辞退した作品名がわずかに残されている。時代の地層に捩れた形で収まっていく番組を、私はそのままにはできないと思った。

歴史を記録するということ

澤井さんは、二〇一五年十二月に八十七歳で人生の幕を閉じた。野田さんは原稿を書かず、一言一言弔辞《ちようじ》を語った。同志、友人、兄弟……語られる言葉に、二人の在りし日が浮かんだ。

その葬儀の席で、聞けども解けない澤井さんの謎が甦ってきた。それは、公害の下手人を知りながら、微妙な距離で追い続けるのはなぜか、という問いだ。突然、答えが降りてきたような気がした。悪者を捕らえても、忘却してしまえば元も子もない。それよりも、「公害」を語り続けることに意味がある。それこそが、『青空どろぼう』の追跡劇なのだ。

言い換えるなら、悲劇を繰り返さないためには、劇を終わらせないことが一番なのだ。澤井さんはそう考えていたのではないか。

そして、野田さん。健康を蝕《むしば》まれたことを語るとき、工場で働く人々を憎いと思ったことは一度もないと繰り返し言った。その寛容さにため息が出てしまうのだったが、心の奥底には、公害排出企業を絶対に許さないという炎が燃えていたように思う。

歴史を記録するということ、そして、次世代に手渡すためにすべきこと。四日市公害の番組を放送史に刻印できなくても、映画にして残せたのは、澤井さんと野田さんの執念に突き動かされたのではないか、そう思うのである。

『死刑弁護人』(二〇一二)

「人殺しを弁護する鬼畜弁護団」

観客動員一万人。ドキュメンタリー映画のヒットの目安だ。視聴率一%が十万人という単位に慣れた私には、ピンとこない数字だった。しかし、一万人もの人が、電車やバスで映画館まで足を運び、入場料を払って鑑賞するというのは大変なことだ。テレビとは違う能動的な動きが、映画には必要なのだ。

『平成ジレンマ』『青空どろぼう』と、映画公開を続けてきたが、ヒットには至らなかった。モントリオール世界映画祭の正式招待作品になったり、自主上映という新たな場の可能性を知ったり、成果はあったが、テレビ局のドキュメンタリーにお金を払ってまで観る価値があるのか、という雰囲気を払い除けられずにいた。だが、ここでやめるなら、はじめから何もやらなかったのと同じだ、と自分に言い聞かせた。そして、三作目として世に問いたいと思ったのが『死刑弁護人』だった。この作品が、観客一万人を超えるヒットとなった。


お互いを「先生」と呼び合う世界がある。教師、医師、弁護士……。共通点は国家試験があることと、戦後になって激しく叩かれるようになったことだ。かつて聖職と尊敬されていた教師は、児童・生徒の問題の複雑化に加えて、父母の感情的な攻撃に晒されて心の病が増えているという。医師もまた、お医者様と崇められた時代は遠く、大病院の院長が医療過誤で頭を下げる姿が常態化している。そして、弁護士は、法律事務所に入れないアブレが出る一方で、刑事弁護の担い手が少ないといういびつな状態だ。

モンスターペアレント。モンスターペイシェント。そしてモンスター化する世論……。そう思えば、生身の人間と人間がぶつかり合う激しい摩擦のなかに生きる、それが「先生」たちなのかもしれない。

「安田好弘弁護士で、撮れませんかねえ」
齊藤潤一ディレクターが名前まで挙げて提案する時は取材が準備完了の状態だと表明しているのと同じだ。テレビも人間同士の摩擦の世界で、企画書を出すと、リスクだ、予算だ、視聴率だ、コンセプトだ、と掻き回したがる。組織が爛熟すると、無用な議論を仕事だと思い込むようになる。そんな面倒なポジションに私も陣取っているが、面白くない話はしたくない。だから、取材の動機が明確ならすぐに着手したらいいと思うことにしている。それが、前人未到の取材対象でも、荒れ果てた現場の落ち穂拾いでも、やりたい人がやればいい。とにかく、現場第一。現場を踏まなきゃ、

『死刑弁護人』（2011年10月放送、12年６月ロードショー）

「悪魔の弁護人」などとバッシングされている安田好弘弁護士。「オウム真理教事件」松本智津夫、「和歌山毒カレー事件」林真須美、「光市母子殺害事件」元少年。誰もが受けたがらない凶悪事件の主任弁護人を彼はなぜ引き受けるのか。安田弁護士の弁護活動を追いながら、今の社会のありようを問う。東海テレビ〈司法シリーズ〉ドキュメンタリー第８弾。東海テレビドキュメンタリー劇場第３弾。

〈日本民間放送連盟賞最優秀賞、文化庁芸術祭優秀賞〉

ナレーション：山本太郎／プロデューサー：阿武野勝彦
監督：齊藤潤一／撮影：岩井彰彦／編集：山本哲二
効果：久保田吉根／音楽：村井秀清／音楽プロデューサー：岡田こずえ
VE：伊藤大介／TK：河合舞／宣伝・配給協力：東風

何も始まらないのだ。

『死刑弁護人』の発端は、二〇〇八年に遡る。差し戻し控訴審を取材したテレビドキュメンタリー『光と影～光市母子殺害事件 弁護団の300日～』である。

二〇〇八年を振り返る――。世論は熱狂していた。「許せない」「殺せ」「死刑だ」……。

山口県光市のアパートで母親と赤ちゃんの遺体が見つかった。逮捕されたのは、当時十八歳の少年。排水検査を装って部屋に入り、母親の首を絞めて殺害後、強姦。さらに泣いていた生後十一ヵ月の娘の首にひもを巻きつけて殺した。被告は殺人を認め、一審・二審は無期懲役、しかし、最高裁で死刑判決が出そうになったため、前任の弁護人が、安田弁護士に助けを求めた。面会した被告は、「強姦するつもりはなかった」と供述を翻したので、弁護団は、殺意を否定して傷害致死を主張していた。迎えた広島での差し戻し控訴審では、二人の遺体を押入れに入れて立ち去ったことについての被告人証言をきっかけに、憎悪が社会に充満することになった。

その時、被告の側を取材しているメディアはどこもなかった。弁護団もまた、記者会見で十分事足りると考えているようで、特段の発信をすることはなかった。情報過多と情報不足が相まって、週刊誌とテレビによって、世論は「善」と「悪」の単純な構図に迷い込み、バッシングのうねりが形成されていった。

しかし、このバッシングは、被告への憎悪に留まらず、「人殺しを弁護する鬼畜弁護団」

「悪魔の弁護人」など、被告と弁護団を同一視して、「凶悪犯に弁護士など不要だ」と裁判制度の否定にまで沸騰していった。

そんな狂熱の嵐のなか、激しく叩かれる弁護団に齊藤ディレクターは、飛び込んでいこうとしていた。そして、そこで「死刑弁護人」に出会うことになる。

取材対象との距離感

二〇〇五年、齊藤ディレクターは、名張毒ぶどう酒事件を追っていた。一年の取材を経て『重い扉～名張毒ぶどう酒事件の45年～』（二〇〇六）を制作し、事件の冤罪性を洗った。この番組は私が企画したのだが、番組の途中で上司にプロデューサーを更迭された。それでも、ルーキーだった齊藤を陰で支えてやればよかったのに、狭量の私は理由なき排除がどうしても許せず、それができなかった。

そんなことはどこ吹く風。齊藤は、名張毒ぶどう酒事件に取り組むことで新たな地平を切り拓いていった。「疑わしきは被告人の利益に」という原則が守られていない裁判のあり方に疑問を持ち、名古屋地方裁判所にカメラを入れて『裁判長のお弁当』（二〇〇七）を、続けて、名古屋地方検察庁で『検事のふろしき』（二〇〇九）、そして、『光と影』（二〇〇八）を観た視聴者から被害者遺族の気持ちがわかるのかという批判に応えて『罪と罰～娘を奪われた母 弟を失った兄 息子を殺された父～』（二〇〇九）を、また名張毒ぶどう酒事件では、『黒と白』(二〇〇八)、『毒とひまわり』(二〇一〇)の連作へと突入していった。旗を高く掲げて進もうと、私は二作目から〈司法シリーズ〉と名づけたが、齊藤は、早くから刑事弁護を重要なテーマと見定めて、安田弁護士の取材をしたいと考えていた。齊藤はいつも、取材の中で次のドキュメンタリーの種を拾う。そして、手にした種を握りしめ、しばらく時をおいて育て上げる。『死刑弁護人』もその一つだった。

『死刑弁護人』の編集第一稿を見て、私は「近すぎる!」と思った。取材対象と親密すぎて、映像に敬意と遠慮が渾然一体《こんぜんいったい》となって溢れ出ているように感じたのだ。撮影は、ベテランの岩井彰彦カメラマン。『光と影』など二十五本の長編番組を担当、若い頃から、モンゴル、パキスタン、カンボジア、北朝鮮、インド、タンザニアと豊富な海外経験も持っている。右眼と左眼で異なる事象を見ながら、映像に取り込む撮影術を持っているが、そのベテランが距離感を失っていた。

「取材が終わると、毎回、安田さんと酒を呑むんですよ」。岩井は嬉しそうに話していた。カメラマンが取材の途上で取材相手と親しくなるとロクなことがない。それは、撮影という行為が、関係性を冷徹に映し込む作業だからだ。しかし、安田弁護士の人間的な磁場があまりにも強烈だったのだろう。第一稿はベタベタで、羅針盤が見事に狂わされてしまっていた。

映画のなかに、呑み屋のシーンがある。死刑弁護の苦悩を安田弁護士が語っている。騒々しい店内だが、人となりを垣間見る数少ないシーンだ。そして、次のカット。東京・赤坂の雨の雑踏を、千鳥足の安田弁護士をドリーバックで追っている。

「あ〜酔っ払っちゃった。あ〜雨に濡れるよ。傘さしてあげよっか〜」

安田さんと傘とカメラマン……。私はこのシーンに、安田弁護士と事件、そして被告、さまざまな関係性が凝縮していると直感した。困り果てた人に傘をさしかけずにはいられない、それが安田弁護士なのかもしれない、と。

ここまで書いて気がついた。このカットを撮るために、岩井カメラマンは酒を呑み続けたのではないか。酔っているのは誰で、酔わされているのは誰か。岩井の距離感は、正しかったのかもしれない。

ドキュメンタリーに、方程式はない。ただ私たちは、露天掘りのように取材を繰り広げ、そのなかで、現実あるいは現実の裂け目を捉えていく。そして編集で、撮り込んだ映像を多面体に構築する。作品は、同時代に生きる人々が多様に解釈できるようにしたいと心掛けている。

孤独は映像表現には向かない

『死刑弁護人』は、鬼畜、悪魔とレッテルを貼られた弁護士に、社会の何が映り込んでいるかが主眼で、死刑制度の存廃を真っすぐに論じたものでもないし、誰かをヒーローやヒールにしようと意図したわけでもない。たとえば、ある人の神様が、別の人の悪魔なのかもしれないと気づいたりする。それだけで、ずいぶん他者に寛容になれたりする。

山の頂上まで行って、「ほら、下界はこんなだぞ」と睥睨《へいげい》するような作品もあるが、私たちには裾野を丹念に歩いて、辿り着いた逡巡《しゅんじゅん》の果てを捻り出すことしかできない。『死刑弁護人』もまた、そのように歩き続け、過熱と摩擦のなかで、私たちの何が揺さぶられ、そして、それが社会とどうつながっているのか、そんなことを考える機会にしてほしいと願った作品だ。

テレビの制作現場は、仕事の仕方が二極化している。作業の細分・分業化と、すべてを一人で担う単独化だ。全国の制作者の声に耳を傾けると、心が通わない集団の悩みと、独りぼっちで仕事をし続けている恐怖を痛感する。「集団はあっても、仲間がいない」。まるで、海辺の砂粒のようなイメージだ。

ドキュメンタリーもニュースも、ともすると独善に陥る恐れを孕《はら》んでいる。それを避ける方法は、内と外に「仲間」を作ることだ。仕事とは直接関係ない人々と交わって世間の風を感じ、仕事では、仲間の存在が何よりも大切だ。たとえば、現場ではカメラマン、構成では編集マン、そして音の世界では効果マンが、それぞれサポートするなど、裸で意見を言い合えるスタッフを作ることだ。新しい番組に取り組む時、私はこのメンバーなら仲間になれるというスタッフを組むことにしている。それは、ただの集団にすぎないのなら、流れ作業に毛が生えた程度の仕事で終わるだろうし、孤独は映像表現には向かないと思っているからだ。

『長良川ド根性』（二〇一二）

過去の取材をどうつなげるか

無表情で、厳《いか》つい。いつからこの顔に好感を持つようになったのだろう。額に刻まれた深い皺に人生を感じた時からか……。

認証をかざし、ロックを解く。鉄の扉の中から冷気が噴き出す。

「また、お世話になります」

そうつぶやきながら、電気を入れる。一〇×二〇メートルのコンクリート壁の倉庫。スライド式の戸棚にVTRテープが天井まで積まれている。十本ワンパッケージの箱には取材タイトル。〈北朝鮮関連〉〈徳山ダム〉〈シルクロード〉〈名張毒ぶどう酒事件〉……。継続しているものから、形にならなかったものまでさまざまだ。

番組の撮影テープは、放送後、霊安室のようなこの倉庫に仕舞われる。アーカイブなどと横文字にしたところで、日の目を見ることはほとんどない。しかし、その時その瞬間を凝縮した映像には、新たな表現を生む熱量がある。

さて、今、命を吹き返そうとしているものは……。冷たい部屋の中、熱の塊を探した。

一九九五年、ダム一つなかった清流をせき止め、長良川河口堰が稼働を始めた。自然か、開発か。長年にわたって地域の対立の火種となり、折からの環境の世紀の幕開けで、全国の注目を集めた大規模公共事業だ。しかし、不思議なことに、東海テレビには河口堰のドキュメンタリーが一本も存在しない。ただ、河口の漁師町に足繁く通っていた同僚の記憶が私には鮮明だ。だから、撮影済みのビデオがあるはず……。

推進と阻止。激しい衝突を繰り返していた一九八八年当時、岐阜県知事は建設省出身のやり手だった。その筋からの横やりで番組が頓挫したと噂された。そんな話はあり得ないと私は思った。長良川河口堰の取材が何となく始まり、そこに別の大型企画が発生した。デスクの間でディレクターの囲い込みが始まり、一方が、番組を潰すために知事の介入という方便を使ったのだ。

そのボツになった取材先が、三重県桑名市の赤須賀漁業協同組合だった。長良川の河口でハマグリとシジミの漁で生計を立てている漁師たちの集まりだ。流域の漁協が次々と堰の建設に同意し、補償交渉に入っていったが、赤須賀漁協は河口堰建設反対の旗を降ろさ

『長良川ド根性』（2012年１月放送、同年11月ロードショー）

環境か、開発か……。三重県桑名市の長良川河口堰は激しい反対運動を押し切って作られた。しかし、主目的だった水供給は、当初予測の16%しか使われていない。建設を推進した愛知県と名古屋市が首長の交代を契機に、開門調査すべきだと堰の見直しを唱え始めた。「どの口で言っているのだ」。国策に翻弄されてきた漁師たちは怒りを隠さない。どんなに壊されても次世代へ海と川を残すと奮闘する漁師たちの姿に、ド根性をみる。東海テレビドキュメンタリー劇場第４弾。

〈日本民間放送連盟賞、平和共同ジャーナリスト賞〉

ナレーション：宮本信子／監督：阿武野勝彦、片本武志／撮影：田中聖介
編集：奥田繁／効果：柴田勇也／音楽：本多俊之／音楽プロデューサー：岡田こずえ
VE：小原丈典／TK：須田麻記子／宣伝・配給協力：東風

ず、「一漁協のエゴが二十一世紀の中部の発展を阻害している」「反対運動は補償金の吊り上げが目的」などと非難を浴びていた。

当時の取材クルーは、孤立する漁協にカメラを入れ続けていた。だが、赤須賀は七年に及ぶ闘いの末、「苦渋の選択」＝建設容認へと急転換する。それに呼応するかのように取材が中断し、番組は露と消えた。取材者と取材対象者……。挫折が時を同じくして起き、そして時が流れた……。

川をせき止め、海と分断

したことで、上流では、シジミは全滅しサツキマスとアユの遡上が激減した。下流でも、汽水域がなくなったことで生態系は大きく変わった。そして、河口堰を開門して調査をすべきだという政治家が現れて、上流の漁師は大きな期待を口にしていた。

二〇一一年、河口堰についての番組を私は提案した。一人の人間に肉迫することにこだわらず、漁業、水、環境、防災などテーマ別にルポルタージュすることで、河口堰の現在を浮上させたいと考えていた。ディレクターに指名した片本武志は、入社以来ニュースの現場に立ち、警察、行政、北京特派員など報道の本流を歩み続けていた。

テレビの仕事のなかでも、ニュースは瞬発力が命で、ダッと行って、バッと撮って、ザッと放送する。いわば「狩猟型」だ。しかし、じっくり粘り強く撮り上げていくドキュメンタリーは、どこか農耕の時間の流れに近い。片本が「農耕型」の取材を身につければ、より豊潤な世界を引き出せるようになる。ニュースの王道を歩むドキュメンタリー・ルーキーにこの題材に取り組むよう勧めたのは、そんな理由だった。

ボツになった取材から四半世紀、新たなスタッフが、流域の人々へ遡行《そこう》する旅が始まった。

取材対象に折り重なる時間

取材は、一年を費やした。それを編集した第一稿は迷走していたが、鮮烈なワンシーンに言葉を呑んだ。河口堰の開門調査を選挙公約に掲げた愛知県知事は、当選後、河口堰検討会を開催した。その意見聴取の席で、それは起きた。

「一体誰が河口堰を推進したのか。愛知県と名古屋市じゃなかったのか。今さら、三重の、桑名の漁師に何を聞きたいというのだ」

河口堰の下流では、堰があることを前提に血の滲むような努力で漁場を立て直してきた。もし、いま堰を開いたら、溜まりに溜まったヘドロが流れ出て、漁場は荒れ果て、干潟は壊滅してしまう。参考人として発言を求められた初老の男は、それだけを言い放って会議室を退出した。その人が、桑名・赤須賀漁業協同組合の秋田清音《すずね》組合長だった。

「組合長に絞り込んで、第二稿を作ろう」

興奮気味に言うと、編集マンの奥田繁がニヤリと笑った。

「秋田さんの映像は、これでほとんど全部です」

ベテランはお見通しだった。

「組合長は取材拒否です。ちゃんとしたインタビューはありません」

ルーキーが口を開く。撮れているのは、さりげなくカメラマンが近寄って撮影したディレクターと組合長の立ち話だという。確かに、音声も明瞭じゃないし、映像のサイズもゆるい。宝物は見えているが、この手に握りしめられない、そんな感じだ。

「とにかく、秋田さんを中心に構築し直そう」

数日後、スタッフを鼓舞するため、映画版を製作することと番組のタイトル案を告げた。『長良川ド根性』。冗談だと思ったのか、タイムキーパーが声を上げてゲラゲラ笑った。

それにしても、取材拒否なのにインタビューらしきものが撮れている……。その謎が解けるのは、番組の放送が終わってからだった。

「あの時、放送をやめてくれたのは、ありがたかった」

居酒屋で盃《さかずき》を傾けている時、秋田組合長が、真顔でそう言った。赤須賀漁協は河口堰反対を掲げていたが、一転、建設容認へと舵《かじ》を切った。それは、ハマグリ、シジミの漁で生きてきたふるさとを破壊する決断だった。「苦渋の選択」などと使い古された言葉しか見つからないほど漁協は追い込まれていた。組合長は、その時、東海テレビが番組を中止したことを武士の情けだったと心に刻んでいたのだ。それが、立ち話ふうのインタビューを拒否しない理由だった。

そして、もう一つは、カメラマンだった。二十五年前、撮影助手だった田中聖介が立派なカメラマンになって赤須賀に戻ってきた。「あの坊やが」と組合長は喜んでいた。幸福な誤解を織り込みながら、取材者と取材対象に、長い時間が折り重なっていた。

とはいえ、映画版は、カメラを正面に据えて組合長の話を聞きたい。じっくりインタビューを盛り込むから、取材交渉をし直すようにスタッフの背中を押した。片本ディレクターは、組合長に手紙を書いた。

「長く通ってくれたでなぁ、一度きりやぞ」

秋田組合長の生い立ちと、地域に対する気持ちは、この時、初めてカメラに収めたものだ。組合長のお父さんは、太平洋戦争で戦死、お母さんも後を追うように病死した。幼い清音少年が引き取られることになったのが、母方の故郷の赤須賀だった。少年は、古い漁師町で自分はよそ者なのではないかと思い悩む日々が続いた。しかし、赤須賀の漁師たちは包容力に満ちていた。いつか恩返しする、少年の心に芽生えた思いだった。そして、組合長として河口堰問題の陣頭に立ち、絶滅寸前に追い込まれたハマグリの孵化《ふか》に取り組み、その途上で、人工干潟の造成に奔走していった。こうして、『長良川ド根性』のメインストーリーは、取材の最後の最後に実を結んだ。

悲劇と喜劇

「歴史は繰り返す。一度目は悲劇として。二度目は喜劇として」

マルクスは、そう言った。

この言葉に、どこかで誰かが言ったことを変容させて付け足してみる。「……そして三度目は、どうでもいいことになる」

長良川河口堰は、多くの人にとって、もうどうでもいいことなのかもしれない。

しかし、腹の底から絞り出す組合長の声。時代を撃つ練り込まれた言葉を、腹の中にしっかり収める。これは、悲劇なのか、喜劇なのか……。少なくとも、どうでもいいことなんかじゃない。『長良川ド根性』は、その頃、ブレブレで漂うように生きていた私自身にカツを入れるためにも、大事な仕事となった。

二〇一八年、赤須賀を訪れた。秋田さんは組合長を退いていた。元気なダミ声は、喉頭ガンを患って、少し聞きづらくなっていた。しかし、現役当時と同じように、今の漁場のこと、そして、漁師になりたいと戻ってくる若者がいる喜びを、熱く語った。堤防道路に吹く風は、気持ちよかった。そうこうしているうちに、浜から大きな声が飛んだ。漁業まつりのハマグリの即売会が、一時間もしないうちに終了した知らせだ。

「早いなぁ、もう売り切れたんか……」

そうつぶやいた秋田さんの横顔は、とてもいい顔だった。私は思った。少年時代に心に決めた「ふるさとへの恩返し」を貫いてきた一念が、時をためて、この顔を作ったのだ、と。

ありがとう、さようなら秋田組合長

長い時を、同じ地域で暮らし、仕事を続けていると、突然のように永遠の別れがやってくる。赤須賀の漁業まつりで毎年のように会っていた秋田さんとの別れは、二〇二〇年のことだった。

赤須賀漁業協同組合の秋田清音組合長

漁師町の小道を望む窓から、柔らかい秋風が入ってくる。秋田さんはベッドに横たわり、目をつぶっている。病状が芳しくないという知らせが入ったその週末、私は彼を見舞った。

　ダム一つない川だった長良川に河口堰を建設する計画をめぐって、「清流を守れ」と流域の漁師たちは激しく抵抗した。環境の世紀の幕開けだったが、専業の川漁師が数えるほどになったところで、国策はゴリ押しされた。ダムは過疎に忍び寄る……。上流の漁協はさまざまな条件を提示されて建設反対の旗を降ろしていった。そして、最後の砦となったのが、秋田さん率いる赤須賀漁協だった。

　木曽・長良・揖斐の木曽三川が合流する赤須賀には昔から全国に知られる名物があった。

「その手は桑名の焼き蛤」。他の産地のハマグリとは柔らかさが違う。しかし、海と川の様子が変貌していく中で、漁獲量は年々減っていた。秋田組合長は、研究者も難しいというハマグリの養殖に取り組み、採卵から稚貝まで育てることに成功した。

河口堰問題では、一漁協のエゴとまで非難され孤立を極めたが、人工干潟の造成を国に約束させせて決着させた。次世代のために、いわば種と畑をしっかり準備したのだ。また、暮らしの安定を図るために組合員に漁獲制限を設ける憎まれ役も買って出た。いまも桑名産のハマグリが楽しめるのは、彼の奮闘があってこそだ。ずっと二人三脚だった水谷隆行さんにバトンを渡した後も、陰日向になって川と海を見守り続けた。

「話しかけるとわかるよ……」。そう促されて瞼を閉じている彼に話しかけると、いつものようにちょっとうるさそうに、手で払うような仕草をした。そういえば、取材当時、まともにインタビューを撮らせず、片本ディレクターを困らせた。しかし、今も鮮明に覚えている彼の言葉がある。

「両親を亡くして引き取られたよそ者のオレを、この町の人間として育ててくれた。その恩返しをしなきゃバチが当たる」

昭和の、男気の漁師、秋田清音さん。家族に看取られて二〇二〇年十月二十九日逝く。享年七十九歳。『長良川ド根性』は、ふるさとの偉人の雄姿を語り継ぐ映画となった。

第7章
「ダメモト」が表現世界を開く
――〈司法シリーズ〉のこと

『裁判長のお弁当』より

『裁判長のお弁当』（二〇〇七）

タイトルが取材の視野を広げる

「裁判所を取材したいんです」

『重い扉〜名張毒ぶどう酒事件の45年〜』（二〇〇六）の取材・制作・放送の結果、齊藤潤一ディレクターは、裁判所に対して疑問を感じていた。

「やろう、ぜひ……」

そう答えてみたが、私は、裁判所に取材の扉を開かせるのは難しいと思っていた。裁判所は、テレビについて廷内撮影を代表取材とし、撮影する時間を裁判官入廷から冒頭数分などと厳しく制限している。黒服の裁判官がまるで静止画のように映っているアレだ。

この取材ルールをテレビ各局は行儀よく守っているが、そもそも「公判」とは、何なのだろうか。「公開の法廷で行われる裁判」が「公判」で、一般の傍聴もできることになっている。本来、公に開かれているものを、裁判所はテレビの撮影について制限し閉ざしているのである。しかし、テレビ画面の先には市民がいる。どうやら、そのことを忘れている。権威の中の権威であるべき裁判所は、知らず知らずのうちに、世間の意識から途絶し

『裁判長のお弁当』（2007年7月放送）

裁判官は、被告か原告にならない限り、その肉声さえ聞くことのない遠い人。裁判員裁判の導入前夜、日本のテレビで初めて裁判所内部と現職の裁判官の長期密着取材。「裁判官」とは、どういう人なのか……。実際の裁判長の執務風景を通じて、現在の裁判所の制度、裁判官の抱える問題をドキュメント。

〈ギャラクシー賞大賞、FNSドキュメンタリー大賞〉

ナレーション：宮本信子／プロデューサー：阿武野勝彦／ディレクター：齊藤潤一
撮影：板谷達男／編集：奥田繁／効果：森哲弘／VE：西久保雄大／TK：須田麻記子

てしまっていた。孤高の司法でもいいと思うのだが、結局、「開かれた司法」などと裁判所も言わなくてはならない時代になってしまった。

私たちが、長期密着取材の企画書を名古屋地方裁判所に持っていったのは、二〇〇六年。裁判員裁判の導入前夜というタイミングだった。

「裁判所は今」——。企画書の最初のタイトルだ。面白くもおかしくもないが、お堅い人たちには、このくらいのほうがちょうどよいのかもしれないと思った。名古屋地裁から名古屋高裁、そして最高裁へ。あっという間に上級審に企画書は上がり、取材のゴーサインは拍子抜けするほど速やかに返ってきた。

天野登喜治《ときはる》裁判長と右陪席と左陪席、三人の裁判官の執務室。齊藤ディレクターと板谷達男カメラマンのコンビが、名古屋地裁・刑事一部に通い始めた。三十畳と広めの部屋だが、裁判長に個室はない。事務官は別の部屋で働いている。これは、初めてカメラに収める光景だ。順調に取材が滑り出したかに思えたが、一週間もするとこんな声が漏れ始めた。

「何も起こりません。裁判官は、部屋ではパソコンを叩いたり、新聞を見ているだけで」

簡単に入れる場所ではないのだが、一度足を踏み入れると、すぐに日常と化し、慣れてしまう。挙句、撮るものがないと思い始めてしまう。目まぐるしく変化する事象を毎日のように追っているテレビマンにありがちな思考形態だ。

こういう時は、徹底的に現場のディテールに注意を払ってみることだ。スタッフから聞き取った天野裁判長の日常の中に、弁当を毎日二つ持ってくるという話があった。

「それだ。二つの弁当だ」

スタッフは、ピンとこない様子……。即、企画書にしてみせることにした。

パタパタとパソコンで打った企画書の冒頭タイトルは、「裁判長の弁当箱」。のちに、二食目は、だいたいサンドウィッチだとわかって「裁判長のお弁当」と改題するが、タイトルをつけてみることで取材の視野が広がるということがある。弁当から見えてくる普段着の名古屋地裁・刑事一部を撮影すればいいのだ。

たとえば、裁判長には黒塗りの車の送り迎えがあるのか。奥様のママチャリで出勤してくる天野裁判長をカメラが捉える。何だか微笑ましい。ある朝、裁判長が持参した紅茶のティーバッグの束を棚に入れる。「自分の飲むお茶は自分で」という買い置きなのだ。秘書だの事務の人が行き届いたお世話をしているわけではない。トイレでウガイを繰り返す。病気になっても代わりがいない仕事だから念入りだ。ノドをガラガラしている時の両腕は、なぜかダラーン。それでもエレベーターに乗る順番は、上席順に裁判長、右陪席、左陪席と決まっている。取材を受けることになった理由を聞くと、「ジャンケンで負けたから」……。裁判官に、徐々にパーソナリティの輪郭が彫り込まれていく。

なぜ、天野裁判長は毎日二つの弁当を持ってきて、それを執務室で食べるのか。同時に百件もの裁判を抱え、夜は十時まで資料を読み込み、土曜日も必ず登庁して判決文に目を通すためだという。そこから、いまの裁判所が抱える問題の核心が見えてくる。

涙ぐむ裁判長

弁当を、表現の軸にしてみるという発想は、初めてではなかった。

岐阜市を流れる長良川に神男《しんおとこ》を担ぎながら入っていく裸祭りがある。ワッショイ、ワッショイ。金華山《きんかざん》頂上にそびえる岐阜城を映像で重ねながら、

「担ぐもの。担がれるもの。調和していると、それは美しい風景です……」

と、ナレーションが流れる。

岐阜市長選挙の折、保守系の立候補が五人を超え、一本化に苦慮する自民党の支援者会議に取材に行った。お昼時で、弁当が配られていた。ちょっとしたおかずの横は真っ白なご飯、その真ん中に真っ赤な梅干し。日の丸だ。それを崩すように食べていく手元を真上からアップで叩く、そんな撮影をカメラマンに頼んだ。箸でご飯をつまみ上げるたびに候補者を一人一人紹介する。最後に、真っ赤な梅干しが、コロンと転がったところで、最後のナレーションをぶち込む。

「保守乱立……」。

こんなふうに、迷走する地方政治の企画ニュースを作ったことがある。少々やりすぎだが、この時ひとつの形にしたことで、私の表現の引き出しに「弁当」が収納された。

現役の裁判官には、語れないことがある。それをどう補足するか。齊藤ディレクターは、さまざまな資料を読み、人に会い、そして、定年退官したばかりの裁判官の取材を始めた。青年法律家協会のメンバーの下澤悦夫さんが、その一人だ。

青法協は、最高裁から睨まれていたため、下澤さんは出世することなく、六十五歳の退官までコツコツと判決を目の前に積み上げた人だった。齊藤ディレクターは、下澤さんの地方から地方へと流転した裁判官人生を丹念に描き、あわせて、最後の法廷となる少年事件で初めて裁判長を務めた逸話を映像化した。

　東海テレビの映像資料庫には、地域の事件と裁判に関連する素材が豊富にある。下澤さんの少年事件もそうだが、天野裁判長の現在進行形の裁判についての関連映像が蓄えられている。

　嘱託《しょくたく》殺人事件……。末期ガンの苦痛のあまり、殺してほしいという内妻。甲斐甲斐しく介護していたが、男は連れ合いの願いを叶えてやろうと手を掛けてしまった。最終陳述で、男は刑を終えたら、約束の場所で死にたいと言った。

　法廷から執務室に戻った天野裁判長。いつもは、広報課員が取材に立ち合っているのだが、その時は、たまたまいなかった。当該事件についてのコメントは差し控える、という約束ごとを超えて、齊藤は裁判長に尋ねた。

「裁判長……。少し、頭を上に向けてましたね……」

「ああ、そうですか。そうですね……」

　ボタンの掛け違い、それによる転落人生……。被告の来し方に思いを致し、法廷で裁判長が涙ぐんでいるのを齊藤は見逃さなかった。

　長い逡巡の後、判決の日を迎える。裁判長は、書面を作って男に諭すように訓戒をした。訓戒をするのは、判事になって初めてのことだった。

「介護の努力はほかにも向けられます。どうか生き抜いてください」

法の番人は、血も涙もない判決マシーンなどではない。粘り強い取材が、法廷に滲む人間模様に辿り着いていた。

勝手に研修用の教材に

放送後、裁判所に挨拶に行く道すがら、齊藤ディレクターにこんな話をした。

「名張毒ぶどう酒事件を縦軸にし、司法の番組を継続して〈司法シリーズ〉と名づけよう。『司法ドキュメンタリーのサイトー』になってほしい」

シリーズといっても、まだ二本目だったが、旗を上げようとけしかけた。地方のテレビマンが、何かのエキスパートになることは、難しい。しかし、『裁判長のお弁当』が、その扉を大きく開いたのではないかという気がしていた。

さて、裁判所の反応は――。広報の部屋でペコリと会釈するが、妙な冷気が漂う。嫌な予感だ。最高責任者の名古屋高裁事務局長は、部屋で待っていた。そこで、小一時間、嵐のようなクレーム。しかし、語気の割には論旨が不明快だ。つまり、言いたいが言えないことがあるのだ。それは、青年法律家協会と下澤さんを扱った部分だと思った。私は、番組の視聴率表を出して言った。

「番組の宣伝をたくさん打ったのに、視聴率が優れませんでした。なぜか、わかりますか。世の中、裁判所に興味がない証拠です」

論理は飛躍しているが、攻勢一辺倒だった事務局長が、黙った。彼のクレームの言外に、「広報のはずだったのに」という考えが見えた。ローカル局のドキュメンタリーだと思って舐めているなと思った瞬間、発火した。

「これは広報番組ではありませんからね」

制作費も出していないのに、自分たちの持ち物のようにアレコレ言い、怒りをぶちまけられて黙っている必要はない。それこそが、世間離れした裁判所の正体ではないか。

下澤裁判官の最後の現場だった少年審判廷の映像を撮影して流したことは、謝らなくてはならない。空の審判廷をテレビに出しても、誰のプライバシーに触れないし、安全を脅かしもしないが、約束を破ったのは事実だからだ。しかし、あとは難癖の部類だ。

会社への帰路、事務局長のあまりの怒りに、こんなことを話した。

「裁判所に訴えられるってことは、あるんだろうか。あるなら、提訴先はどこだろう」

数年後、私たちの職場に、司法修習生が研修にやってきた。

「番組を観ました」

「何の……」

「『裁判長のお弁当』です」

「どこで？」

「名古屋地裁の研修です」

あれだけ怒り散らしたのに、裁判所は、『裁判長のお弁当』を研修用の教材にしている。

それも、勝手に……。

『光と影～光市母子殺害事件 弁護団の300日～』(二〇〇八)

番組をめぐる衝突

遠巻きに見守る市民、取材対象、そしてカメラの放列。ドキュメンタリーを作るたびに、このカットを思い浮かべる。私は、そしてあなたは、この中のどこにいるのか……。

「お前はキチガイだ。絶対に放送させせない」

キチガイ……、放送させせない……。

一つのドキュメンタリーをめぐって、激しい罵倒だ。会社の経営トップにこんな怒鳴られ方をして、平気ではいられない。しかし、この時の私には、怯《おび》えも、怒りも、何の感情もなかった。幽体離脱のように、社長室で相対している二人の男を、真上から覗いているような感覚だった。

これは、『光と影～光市母子殺害事件 弁護団の300日～』(二〇〇八)の最終局面だ。

『光と影〜光市母子殺害事件 弁護団の300日〜』（2008年6月放送）

1999年4月14日、山口県光市で本村洋さんの妻と生後11ヵ月の長女が殺害され、当時18歳の少年が逮捕された。一審・二審は無期懲役。しかし、最高裁は死刑含みで広島高裁に審理を差し戻した。最高裁の途中段階から、弁護団は差し替わり、21人の弁護士は、この事件を再調査。そこで、被告は「殺意はなく、強姦目的もなかった」と告白。世論は「荒唐無稽な供述を始めた」「死刑が恐くなって事実を翻した」と非難、さらに弁護団にまで「鬼畜」「悪魔」とバッシングの嵐が吹き荒れる事態となった。刑事事件の弁護活動とは、どうあるべきか、弁護士とは、どういう職責を持つものなのか、弁護団会議などにカメラを入れ、取材を重ねた。

〈日本民間放送連盟賞最優秀賞、文化庁芸術祭優秀賞、ギャラクシー賞優秀賞〉

ナレーター：寺島しのぶ／プロデューサー：阿武野勝彦／ディレクター：齊藤潤一
撮影：岩井彰彦／編集：山本哲二／VE：中根芳樹／効果：久保田吉根／TK：河合舞

裁判をめぐって、世の中に激しいバッシングの嵐が吹き荒れていた。メディアは、その風を煽り、煽られ、怒りと憎しみを増幅させる危険な装置になっていた。そして、東海テレビの中も、また同じだった。

「組織」と「個人」。

その頃、私は嫌気がさしていた。思い描いてきた姿と掛け離れていくテレビ。ジャーナリズムだの、表現だの、青臭いことを言うんじゃない、お前さんは賞を獲ればいいんだ……。心根は、人の顔に出る、口に出る。

リーマン・ショックとインターネットの登場で、地上波テレビは経営的に揺さぶられていた。こういう時、危機意識を求心力に利用しようという安直なリーダーが出る。「生き残り戦略」「勝ち組・負け組」など剝《む》き出しの言葉が民放経営者の間で大流行していた。そこに、メディアの役割やジャーナリズムの砦を守るなど本質的な議論はまったく抜け落ちていた。最も無惨だったのは、テレビへの愛着が欠けていることだった。羅針盤が狂えば、船は海を彷徨う。番組をめぐる衝突は、そんなさなかに起きた。

火中の栗を拾いに

「光市母子殺害事件の弁護団に入れます」

私の机の前で、齊藤潤一ディレクターが立っていた。冷静な彼には珍しく、少々上気したような表情に見えた。

「光市……」

一瞬、何を言っているのか私にはわからなかった。裁判の進捗と、世論の沸騰は知っていたが、名古屋からは距離の遠い出来事だったし、私たちは名張毒ぶどう酒事件の新作の取材を始めたばかりだった。

名張毒ぶどう酒事件は、二〇〇五年に名古屋高裁で再審開始決定が出たが、検察が異議を申し立て、高裁の別の部で審理が繰り返されていた。一時、メディアはこぞって再審ムードとなり、新聞は日曜版で特集を組むほどだった。しかし異議審は、自白偏重に舞い戻り、再審決定を取り消した。

メディアの論調は一気に萎《しぼ》んだ。熱しやすく冷めやすい、この悪しき性癖は私たちもまた同じだ。事件の風化に抗おうと捻り出したのが、鈴木泉弁護団長の日常を追うことだった。弁護士の職業倫理をドキュメントで編みながら、もう一度、事件と裁判を織り込もうという企画だ。そんな折、光市母子殺害事件の差し戻し控訴審が舞い込んだ。

鬼畜を弁護する鬼畜弁護団……。光市母子殺害事件の弁護団は、写真週刊誌に一人一人の顔写真まで掲載され、非難の標的となっていた。弁護団への不信感と憎悪が世間に充満していた。誰も入っていないその弁護団の中にカメラを入れることは、火中の栗を拾いに行くようなものだ。しかも、門外漢の名古屋から……。しかし、〈司法シリーズ〉を牽引する齊藤がフリーハンドで取材できるなら、大事な表現になるかもしれない。

「で、弁護団会議には、ベッタリ入れるの?」

「入れます」

「ここからは撮影はダメ、遠慮してくれ、というのはなしだよ」

「大丈夫です」

弁護団会議をすべて撮影できることなど、ほとんどない。長年取材している名張毒ぶどう酒事件でも、大勢いる弁護士それぞれの考え方もあって、すべては撮影できない。この事件の弁護団は相当に追い込まれていると思った。

「判決の前に放送してくれますよね!?」

〈一九九九年四月十四日、山口県光市で母と生後十一ヵ月の長女が殺害された。光市母子殺害事件。当時十八歳だった少年が逮捕され、一審・二審の判決は、無期懲役。しかし、最高裁は、死刑含みで審理を広島高裁に差し戻した。弁護団のメンバーは、最高裁の途中段階から替わった。起訴事実を争わず、情状を主張してきた旧メンバーが、死刑含みの状況に危機感を持ったのだ。新しい弁護団には、二十一人が集まり、この事件の再調査を始めた。メンバーの中に、名古屋の村上満宏弁護士がいた。村上は、これまでの経験から「謝罪や反省は、いつか被害者遺族に届く」と信じ、被告が事件に向き合うよう面会を重ねていた。村上が見た被告は、メディアで流布されているような凶悪な印象ではなく、精神年齢の低い青年だった。一方、裁判は思わぬ方向へ動き始める。被告が弁護団に、殺意はなく、強姦目的で現場を徘徊していたのではないと告白したのだ。これは、一審・二審で争われなかった新事実だった。弁護団は、法廷でこの証言を展開する。しかし、世論は「荒唐無稽な供述を始めた」「死刑が恐くなって事実を翻した」と被告を非難、さらに、弁護団に対して「鬼畜」「悪魔のしもべ」と激しいバッシング、「悪者を弁護する必要などない」と言い放つテレビコメンテーターまで現れる事態となっていた。裁判とは何か、刑事弁護とはどういうものか、そして弁護士とは、どういう職責を持つものなのか……。弁護団会議にカメラを入れ、取材を重ねることにした。

やがて裁判員として法廷で人を裁くことになる私たちに「光市母子殺害事件」は、さまざまな問題を投げかけているのではないか。この裁判から、何が見えてくるか……〉

これは、幾度も書き直し、編集の最終段階で作った番組の企画書だ。いつもは、企画書をここまで詳細に書くことはない。これは、むしろ番組の概要になっている。ここまで書かなくてはならなかったのは、その後の組織内の軋轢《あつれき》を予測していたからだ。この番組は、ジャーナリスティックで、報道の王道であると企画書で宣言したのである。しかし、経営トップと激しい応酬となるのだった。

キチガイ発言の前、経営トップは被害者遺族に自分がいかに同情心を持っているかということを言っていた。それは私も同じ気持ちだと返したが、感情に突っ走って聞こうともしない。被害者を慮《おもんぱか》る気持ちと裁判制度のありようとは別の次元で、私たちのするべき仕事について述べたが、聞く耳を持たない。

「こんな番組を作って、会社を危機に陥れるつもりか」

同情は、組織防衛という問題に姿を変え、放送をさせないと言い放った。

「番組を社長の一存で止めたとなれば、弁護団との約束を破るのはアナタだ。腕っこきの弁護士二十一人が、どういう反応をしますか」

この発言に突然、態度が変わり、取材の進捗を尋ねはじめた。変わり身が早い。もう落としどころというやつを求めている……。

「そこまで進んでいるなら仕方がないか……」

軟化した顔には、残念な男の性根を見る思いがした。確かに、光市母子殺害事件の差し戻し控訴審を加害者弁護団側から描くというのは、どのような反響に晒されるかわからない事態だった。だから、テレビ局が一社も加害者弁護団に連絡すら取らなかったのだ。しかし、反響を恐れてジャーナリズムを放棄するなら、テレビの存在価値などありはしない。

この舞台裏には、「どんな形でもいいから放送に結びつけよう」「このスタッフを信用できないのなら、この会社はもう終わりや」と言ってくれた報道局長と編成局長の二人の支えがあった。もし、この上司たちが組織の中で権力にすり寄り、そっぽを向くようなことがあったら、番組を放送できたとしても、私は会社を辞めることになったかもしれない。

テレビ局には、番組の「編成権（編集権）」というものがある。放送する番組の編成方針を決めて放送に至るまでの管理と実施をする権限だ。この国では、テレビ局の経営者が「編成権」を持っている。とどのつまりは、番組の内容に口を出し、放送の可否を決定する強大な権限は経営者のものだ。『光と影』で、私と経営者の葛藤は、この「編成権」をめぐる衝突だった。一対一の勝負ができるところが、ローカル局のいいところだが、当時の経営トップには、ジャーナリズム、テレビ、番組など「放送の公共性」についての思索が圧倒的に欠如していた。それで、私のような一制作者に突っ込まれたにすぎない。

あの時、私が経営トップだったら、目障りな制作者を退席させて、編成局長を呼び、番組の放送中止と善後策の検討を指示しただろう。それが、「編成権」という絶大な権力の正体だ。

「セシウムさん事件」の渦中、検証委員長の音好宏上智大学教授は、「内部的自由」という問題を提起した。重要なことだったが、東海テレビでは、差し迫った問題だと受け取るものは稀少だった。つまり、「編成権」に抵触し、放送に関して葛藤するような場面に遭遇した経験を持つ制作者がいなかったのだ。しかし、民放各社がそうであるように、営利企業体として発達していくなかで、ジャーナリズムと放送への思索がない人物が経営者になる時代である。私は、いまこそ「内部的自由」という取り決めが大事だと思う。

つまり、番組編成上、制作者の責任と権限を明確にするとともに、制作者は信条や確信に反する番組制作を強要されないこと、また制作者が人事権に参加できること、さらに、制作者の権利を保障するために編成協議会を作ること、こうした「テレビの内部的自由」を構築して、経営者と制作者が対等な立場で豊かな職場環境を作っていくことで、外部勢力の不当な介入を許さない自由な言論空間が確保される。それこそが、地域の信頼に応える大事な土台だと思うのだ。

経営トップとの番組の存亡をめぐるバトルの一方で、取材対象との間でも、少々厳しいやりとりがあった。

「判決の前に番組を放送してくれますよね、そういう約束ですよね⁉︎」

名古屋の場末のバー。私は薄めの、村上弁護士は濃いめのハイボールを片手に、激しい会話が続いていた。取材の終盤、放送のタイミングについて、詰め寄られたのだ。判決が近づくに従って、弁護団に焦りが生じているのだと思った。放送は、名古屋ローカルだ。それが、広島での判決に何らかの影響を及ぼすと期待しているのだろうか。

「そんな約束はしていません。番組の放送は、判決の後です」

バーの夜は、異常に長く感じられた。だが、取材者と取材対象が、利用し、利用されたという関係で終わるような番組にはしたくない。裁判を最後まで見届け、このバッシング社会の濁流を検証することが、何よりお互いのためになると繰り返した。

時代を解釈する力

「みんなと同じ方向から見たことを描くために、この世界に入ったんじゃないだろ？」

皿にクジラのベーコン、手にコップ酒……。

東京・歌舞伎町の居酒屋でノンフィクション作家の吉岡忍さんと呑んでいた。この時が初対面で、別の番組のナビゲーターを頼みに行ったのだが、制作中のドキュメンタリーを尋ねられて光市母子殺害事件で追い込まれていることを話した。

吉岡さんの一言で、私の酔いは一遍に醒めた。何のためにこの仕事に就いたのか。組織に呑み込まれそうな私の心臓を、一突きにされたと感じた。この酒席が、番組と私の運命を変えていくことになる。

二〇〇八年四月十五日。BPOの放送倫理検証委員会は、「光市母子殺害事件の差し戻し控訴審に関する放送について」という決定文を公表した。

光市裁判についての民放キー局五社とNHKの報道が、「集団的過剰同調」であり、テレビを「巨大なる凡庸」と強く批判した。峻烈《しゅんれつ》な決定文の中に、こんな文章があった。

「ついでながら、本件の検証作業中、委員会は、ある地方民放局の取材クルーが弁護団の了解のもと、弁護団の側から差し戻し控訴審の過程を取材していることを仄聞《そくぶん》した。それがどのような取材であり、どのような番組になるかは不明だが、これも真実にアプローチするひとつの方法であろう。多様な見方、多彩な表現を提示すること、そこに番組制作の醍醐味とむずかしさと面白さがあり、この社会が成熟していくための鍵があることを、放送関係者一人ひとりが肝に銘じていただきたい、というのが委員会の期待である」

仄聞したのは誰か……。地方民放局とはどこか……。東海テレビの考査担当は、決定文の中のこのページに付箋をして役員室に配ってくれた。

二〇〇八年六月七日。『光と影～光市母子殺害事件　弁護団の300日～』は、放送された。

久しぶりに『光と影』を観直してみた。映像から滲み出る当時の緊張感に胸が震えた。

テレビは、「いま」を伝える装置として威力を発揮する。しかし、「いま」とは、何を指すのか。過去、現在、そして未来……。加速度的に短くなっていく「いま」。そこに短絡し、埋没すると、表現は凡庸に堕ちる。それは「組織」も「個人」も、存在理由をなくすことだ。だから、「いま」と格闘しながら、時代を解釈する力を鍛えなくてはならない。

バックショットとカメラの放列……。私は、どこにいるのか。あのカットから多くのことを学んだ。

『検事のふろしき』（二〇〇九）

名古屋地検の門前払い

「あのケツの穴の小さい裁判所が受けたんだから、検察がノーというわけがない」

『裁判長のお弁当』の次は、検察庁でどうでしょう、橋渡しを買って出た検事出身の弁護

『検事のふろしき』（2009年6月放送）

検事は法廷に行く時、濃紺の風呂敷を抱えていく。中には被告の罪状の一部始終が入っている。密着取材の前例のない検事の姿。名古屋地方検察庁にカメラを入れ、エース検事、女性検事など3人の仕事ぶりを追い、「裁判員裁判」導入前夜の検察庁を描き出す。

〈ギャラクシー賞〉

ナレーション：宮本信子／プロデューサー：阿武野勝彦／ディレクター：齊藤潤一
撮影：塩屋久夫／編集：奥田繁／効果：久保田吉根／音楽：本多俊之
音楽プロデューサー：岡田こずえ／VE：西久保雄大／TK：河合舞

士が自信に満ちていたので、すんなり話が進むと楽観していた。
名古屋地方検察庁。総務部長は何だか落ち着かない。一時代前の教育ママふうの彼女は、どうやら私たちを歓迎していない。
「検察庁は、いま」……。齊藤潤一ディレクターがA4一枚の企画書を渡して、取材の段取りを話し始めた。と、総務部長の携帯電話が鳴る。会釈一つなく立ち上がり、窓際の自分のデスクのほうへと離れていく。起訴状の朗読など訓練ができているから、滑舌がよく、声が通る。勢い、電話の内容が聞き取れてしまう。どうやら、ご息女の体調がすぐれず、学校を早引きするという話のようだ。検察庁というキリッとした職場で、母の気持ちが綯《な》い交《ま》ぜになる会話……。生身の日常を垣間見た感じで、これは面白い番組になりそうだと期待が膨らむ。

総務部長は、席に戻ると何もなかったかのように、話の続きを促すような表情……。

「この人、サドかいな……」

これは、私の心の声。一通り説明して、取材日程について、ぐっとアクセルを踏み込む。

「取材は、一切受けません！」

まるでモノを売り込みに来た業者扱いだ。

「やっぱり、サドじゃないか」

声が出そうになったが、これもまた心の声。論告求刑は明快だった。検察の業務に支障を来たす、それだけだ。会っておいて、この断り方はないと、ちょっと食い下がってみたが、四の五の言っても無駄、早く私の部屋から出ていってちょうだいという目だ。

「はぁ、全然ですか。検討の余地なしで……」

仕方なくしぶしぶ退出の準備をして、ドアのところまで行くと、同席していた検察事務官が明るい声で言った。

「高検の検事長なら、ご本人が取材をお受けになるんじゃないでしょうか……」

「えっ、検事長……。では、来週、企画書を持ってきます。アポをお願いします」

思いっ切り、食いついてみた。しかし、振り返るとママは、もう私関係ありませんからとばかりに、デスクで別のことをしていた。

高検の検事長室は、広々としていて、眺望も素晴らしい。中部北陸六県を統括し、道州制を先取りしたかのような名古屋高等検察庁。ここは、その頂点の部屋だ。

迎えてくれた検事長は、にこやかだった。

「さぁさぁ、こちらへ」

検事長の経歴は、出身地の大阪を中心に法務省入国管理局長なども経験し、直近は札幌高検だった。それぞれの赴任地の逸話は実に豊かで、楽しい会話が続く。その時、検事長は地元紙に連載を持っていて、美しい挿絵も自分で描いたものだった。私たちは何となく手ごたえを感じ始めていた。何より検事長の話から、前の年に放送した『裁判長のお弁当』が法曹界で話題を呼んでいることがうかがえた。

頃合いのいいところで、企画書を出す。タイトルは、「検事長のキャンバス」。企画書に目を落とす検事長。その一言を、待った……。

高検検事長からの差し戻し

「私じゃなくて、若い検事でお願いします」

思わぬ反応に、私たちは顔を見合わせた。

「はぁ。若い検事さん、ですか。しかし、今回はぜひ、経験豊富な検事長の……」

「いえいえ、若い連中をぜひ……」

検事長は同席していた高検ナンバー2の次席検事に言った。

「地検の次席を呼んでくれるかね」

地検の次席検事は不在だったが、高検から話を下ろし、若手検事の取材を早々に始めることが決まった。この時、地検の総務部長に門前払いされたことを、私たちは秘匿した。

「次席、君も、地検との打合せに立ち合ってください」

検事長のこの指示は重大だった。上部組織の目の前で、地検の総務部長は逃げることができないからだ。

「これは、いわゆる差し戻しですぞ」

意地の悪い、私の心の声。

その日の夕方、前回会った検察事務官から電話が入り、打合せの日取りの後に、バツの悪そうにこう付け加えた。

「総務部長がお相手させていただきます。その時、あのー、初めて会うということにしていただけませんか。名刺の交換も、もう一度……」

「初めまして。東海テレビの……」

名刺を出す私の上目遣いは、悪魔か餓鬼のような視線のはずだ。しかし、打合せで総務部長の態度と口調は軟化したものの、それは不都合、それはできない、を繰り返した。

人生は舞台、人はみな役者。きょうの役柄を、彼女はわかっていらっしゃらない。幕が上がり、演じ始めている私たちを、ステージから降ろそうとでも……。そもそも、テレビの取材というチャンスを握り潰した事実を上層部に知られたくないと思っているのは、誰なのか。

「そんなのでは、良い番組になりませんよ。取材がスムーズにできるようにしてください。あれはダメ、これはダメでは、困る」

反転攻勢。高検次席がいるところで、取材の自由度を広げ、もう勝手にしてください、そこまで一気に持っていくのだ。

四十歳手前で、私は営業局に異動した。そこで、報道畑とは様子の異なる上司に多くのことを学んだ。その中にケンカ殺法の交渉術もあった。

営業生活三年目に業務部長という社内の調整役になった時、ゴルフ・イベントに絡んでバトルになった。上席の事業局長がキレて、テレビのリモコンを摑んで私に投げつけた。リモコンは床に落ちてバラバラになった。私はありったけの罵詈雑言で彼が黙るまで怒鳴り散らした。部屋を出て廊下を歩いている私に、営業の上司が囁《ささや》いた。

「完勝やな。明日から、すべてお前さんの言うことを聞くぞ。やる時はもう二度とファイティングポーズが取れなくなるまでぶっ叩く。これがケンカの極意や」

嫌々行った部署で、お金の計算など自分に向かない仕事ばかりだったが、男気に溢れた先輩たちに人生と仕事の機微を教えられた。その場その場で奮闘し、面白がる精神があれば、人生に無駄な回り道はないのかもしれない。

エース検事の座右の銘

『検事のふろしき』は、初回のような二回目の打合せで、大海原に船出した。

齊藤ディレクターとベテランの塩屋久夫カメラマンのコンビが、毎日のように名古屋地方検察庁に入り、東京地検特捜部を経験したエース、そして若い女性検事などを追いながら、事件と裁判に関わる検察官の姿を撮影していた。

二〇〇七年六月、愛知県犬山市で時津風部屋の新弟子暴行死事件があった。当初は、病死とされたが、身体の傷を見た父親が大学病院に解剖を依頼したことで事態は一転。この事件の捜査と公判担当が、地検のエースだった。

否認する親方。そして、閉鎖性の強い相撲部屋での事件。エースが聞き出した兄弟子の心の内。裁判で証言に立った兄弟子は、親方に真実を話してほしいと詰め寄る。検事と証人の呼吸が、事件を動かしていく。

検察官は強面の黒子のイメージだが、エースは司法修習の時に被疑者から事実を聴き出す難しさに、検事という仕事の魅力を感じたと志望動機を話していた。

「おごらず、気負わず、そして、怯まず」

取調室に飾られていた陶板の文字。これは、ロッキード事件を指揮した松田昇検事の言葉で、エースの座右の銘だった。

裁判所もそうだが、取材ができないと思い込んでいた場所にカメラを入れてみると、実に新鮮な世界が展開する。テレビマンは、誰も見たことのない風景に出会った時、誰かに知らせたいという気持ちに人一倍駆られる種族だ。それは、私の仕事の原点でもある。

面白がれそうならトライする

『検事のふろしき』では、二十年ぶりにオリジナル音楽を作った。作曲家は映画『マルサの女』などの本多俊之さんだ。サンプル版をもらった時、閃《ひらめ》いた。昼間の放送の後、深夜だが音楽でショーアップしたものを放送したい。『検事のふろしき・ミュージックチェンジバージョン』だ。

この発案は、メディアリテラシーを標榜する番組がどこかよそゆきでウソっぽいことへのアンサーだ。ＢＧＭの使い方で番組の印象が大きく変わるということを試してみたいと思ったのだ。

しかし、これは空振りだった。宣伝不足もあって両方を観た人が少なく、観た人も番組が連続していなかったため、何がどう変わったか判然としなかったというのだ。前のめりに取り組んだだけに、結果はガッカリだった。

どういうわけか、性懲りもなく妄想してはこんなふうに独り相撲を繰り返してしまう。しかし、反省はほどほどにしておく。面白がれそうなら何度でもトライする、この仕事は、それに尽きるからだ。

番組の放送後、検事長を訪ねた。

「タイトルが、いまひとつでしたね」

「そうですか。タイトルですか……」

「私だったら、こうですね。『検事の正体』。どうですか。アッハッハ……」

その後、書籍の世界で「品格」に続いて大流行したタイトルは、「正体」だった。検事長、恐るべし……。

第8章
「ドキュメンタリー・ドラマ」とは何か

『約束～名張毒ぶどう酒事件 死刑囚の生涯～』より

『約束～名張毒ぶどう酒事件 死刑囚の生涯～』（二〇一三）

名優からの先制パンチ

「〝名張〟をドラマにしたいのですが……」

二〇一一年夏、企画の提案だった。しかし、報道局でドラマを作ったことはないし、かつて稀代のドキュメンタリストが取り組んだドラマにガッカリした経験があるし、困ったなぁと思ったが、心とは裏腹に、口が別のことを発していた。

「いいねぇ、台本を書きなよ」

齊藤潤一ディレクターは、ドキュメンタリーを作り始めて、文化庁芸術祭賞、ギャラクシー賞、「地方の時代」映像祭などで、すべてが高く評価されてきた。しかし、ドラマの演出経験は皆無だ。台本はまったくこれからだし、制作費の確保、スタッフの座組み、配役をどうするかなど未知のことばかり……。やれない理由を挙げたらキリがない。ただ、私は、無謀のそしりを受けても、一歩でも前へ転がせるようなプロデューサーになりたいと思ってやってきた。だから、すぐにスタッフメイクと配役のことを考えることにした。

企画が持ち上がって一ヵ月と経たないが、仲代達矢さんに主役の奥西勝死刑囚役をお願

『約束～名張毒ぶどう酒事件 死刑囚の生涯～』（2012年６月放送、13年２月ロードショー）
1961年に発生した名張毒ぶどう酒事件。村の懇親会で出されたぶどう酒で５人の女性が死亡した。冤罪を訴える奥西勝死刑囚と弁護団を追う。これまでに描くことができなかったのが独房の半世紀。母タツノさんが獄中に送った969通の手紙、特別面会人のノートをもとに、ドキュメンタリー映像とドラマを融合して裁判の不当性を問う。俳優陣は、奥西勝役は仲代達矢、母タツノ役には樹木希林、若き日の奥西勝役に山本太郎、天野鎮雄など名古屋・劇座の男優女優。東海テレビドキュメンタリー劇場第５弾。

〈国際ドラマフェスティバルローカルドラマ賞、日本映画復興会議奨励賞〉

ナレーション：寺島しのぶ／監修：門脇康郎／プロデューサー：阿武野勝彦
監督：齊藤潤一／撮影：坂井洋紀／編集：奥田繁／効果：久保田吉根／音楽：本多俊之
音楽プロデューサー：岡田こずえ／VE：米野真碁／美術：高宮祐一／TK：須田麻記子
宣伝・配給協力：東風

いしようと動き始めた。昭和、平成を代表するこの名優にと思ったのは、私たちのようなドラマの素人集団には、重心となる俳優が欠かせないと考えたからだ。

その年の九月、仲代さんが、「あいち国際女性映画祭」のゲストで名古屋に来ることを聞き、仲代さんが主宰する無名塾に面談をお願いした。

仲代さんとの仕事は、これが初めてではなかった。『毒とひまわり～名張毒ぶどう酒事件の半世紀～』（二〇一〇）のナレーションをしてもらったことがある。この経験が、今回の出演交渉の力になると期待していた。

スポットライトに照らされた映画祭のステージ。存在感が、より役者を大きく見せている。黒澤明監督のこと、最近の日本映画のこと、俳優としての歩みなど、ユーモアを交えた仲代さんの語りに、会場は和んでいた。そして、この日上映された作品について話し始めた。

「今日の映画は、監督に七年ほど出演を待ってもらいました……」

会場の一番後ろの席で、思わず私と齊藤は顔を見合わせた。「七年……」。あわよくば、今日にも内諾をもらい、半年後にクランクインという皮算用が、名優のこの一言で、木っ端微塵に吹き飛んだような気がした。その後の講演の中身はまったく記憶にない。ただただ、お目にかかったら何と言おう、そればかりを反芻《はんすう》していた。

考えてみれば、低予算のローカル制作で、それも畑違いの報道マンの演出で、何から何までやってしまうという乱暴な企画に、どんな役者が乗ってくれるというのか。しかし、安直と言われても仕方がない、ここまで来たら熱意だけは伝えよう。弱気は禁物、弱気は禁物……。こういう時は、呪文のように唱えるしかない。

ＶＩＰの面談に、ホール側が理事長室を用意していた。恐縮しながら、だだっ広い部屋に入室すると、仲代さんから先制パンチが飛んだ。

「私も七十九歳です。もう、これから何本もない仕事ですし……。いまはテレビのドラマには、ほとんど出ておりません」

目の前が真っ暗。名優のお言葉だった。


十年は一昔という。この事件は、六つも昔を重ねたことになる。一九六一年（昭和三十六）、伊賀の里で五人が毒殺された。地名と毒入りの飲み物から「名張毒ぶどう酒事件」と命名された。「ぶどう酒」……。いくつも昔をやり過ごしているうちに、私たちの日常からこの言葉は消滅した。事件名が、長き時の流れを物語っている。

名張毒ぶどう酒事件には、獄中から無実を叫び続ける人がいた。奥西勝死刑囚。そして塀の外で彼を支え続ける人々がいる。一審無罪から二審死刑へ、真逆の判決となった戦後唯一の裁判の根底には、この国の司法の病理とでも言うべき自白偏重がへばりついている。私たちは、調査報道をつないできた。それは、たとえいくつ昔を重ねたとしても、終わらせてはならないと考えているからだ。

塀の外に出さないという黒い意図

二〇一一年二月、ドキュメンタリーをテレビから映画館のスクリーンへと表現の場を広げる活動を始めたが、その第五弾が、二〇一三年公開の『約束〜名張毒ぶどう酒事件 死刑囚の生涯〜』だった。それまでは、テレビ番組の制作の途上で、これは全国に届けたいと思ったものを劇場版に再編集していたが、『約束』は企画当初から映画化を考えていた。

東海テレビのドキュメンタリーには、「四日市公害」「徳山ダム」「長良川河口堰」など過去を今に問い直す〈温故知新シリーズ〉と、もう一つ、「名張毒ぶどう酒事件」を源流とする〈司法シリーズ〉がある。

第7章でも触れたが、裁判がおかしい、ならば裁判所に入ってみようと取材を試みた『裁判長のお弁当』(二〇〇七)、弁護士の職業倫理を考える『光と影〜光市母子殺害事件弁護団の300日〜』(二〇〇八)。

その放送後、犯罪被害者の気持ちをわかっていないという視聴者の反響に応えた『罪と罰〜娘を奪われた母 弟を失った兄 息子を殺された父〜』(二〇〇九)、検察庁への密着ドキュメント『検事のふろしき』(二〇〇九)、そして『死刑弁護人』(二〇一一)という流れだ。

〈司法シリーズ〉の本流である「名張毒ぶどう酒事件」関連は、一世代前のスタッフが粘り強く構築した『証言』(一九八七)、そして、再審を開こうとしない裁判所への疑問をぶつけた『重い扉〜名張毒ぶどう酒事件の45年〜』(二〇〇六)、自白と冤罪の親和性を追及する『黒と白〜自白・名張毒ぶどう酒事件の闇〜』(二〇〇八)、弁護団長を追いながら事件の真相を解き明かす『毒とひまわり～名張毒ぶどう酒事件の半世紀～』(二〇一〇)と続く。

その間、捜査当局の自白の強要と裁判所の妄信に疑義が生じる事件が頻発し、名張毒ぶどう酒事件も弁護団の新証拠の提出によって、再審決定、棄却、差し戻し、そして棄却と流転が続いていた。

しかし、時は一時も流れを止めない。奥西死刑囚は、『約束』を公開した年、獄中で八十七歳になっていた。何が何でも塀の外には出さない黒い意図と、司法への批判の声を最小限に留める手段が、獄中死であるとわかっているかのようであった。

『影武者』のワンシーンのような

主役の出演交渉は続く。ナレーションを依頼した時とはまったく違う仲代達矢さんの眼光を感じながら、私は全身で出演を懇願し続けた。しかし、舞台公演でこれから地方行脚《あんぎゃ》に出るので時間がないと言った後、仲代さんはこう付け加えた。

「どんなに食い詰めても、再現ドラマには出てはいけない。弟子たちにそう言っています」

スーッと血の気が失せていくのを感じた。私たちの作ろうとしているものは再現ドラマで、役者の生き様として出演できないというのだ。

しかし、次の瞬間、事態が急変する。隣に座っていた無名塾の制作・嶋田礼子さんが手帳をパラリと捲《めく》り、口を開いた。

「ねぇ、仲代さん。三月の終わりから四月に、スケジュールが二週間ありますよ」

断固拒否の名優を前に、嶋田さんが何を考えているのか理解できず、一瞬、頭の血流が途絶したみたいに、クラクラした。仲代さんの表情をうかがうと、目玉が一段とギョロリ……。まるで、黒澤映画『影武者』のワンシーンを目の前で見せられているみたいだ。

嶋田さんは、「うんうん。大丈夫。いけるいける」と涼しい顔。

前作の『毒とひまわり』のナレーション撮り。嶋田さんはスタジオに立ち合ってくれた。仕事終わりに、名古屋の天ぷら屋でいろいろ話した。その時、名張毒ぶどう酒事件への私たちの取り組みを好ましく思っている嶋田さんの視線を覚えている。だが、こんなことが起こるのか。主役を、ほぼ確保。あとは台本次第で決めようと、山が動き出した。

しかしその時、台本は姿も形もなかった。それどころか、『シナリオの書き方』というハウトゥ本を齊藤は読んでいる最中だった。

モントリオールでの出会い

奥西死刑囚には、その帰りを待ちわびる老母がいた。月に一度、名古屋拘置所まで面会に行って息子を励ましていた。事件後は、村を追われ、流転の晩年となったが、獄中に宛てた手紙は九六九通を数えた。会えずに暮らす親子の情、老いて一人の孤独、そして祈り……。この母親タツノ役は、主役と同じくらい重要だった。

二〇一二年八月、カナダ・モントリオール世界映画祭——。

私たちのドキュメンタリー映画第一弾『平成ジレンマ』が、招待上映されることになった。しかし、会社で映画事業の主管を担う事業開発局長が頑なにカナダへの旅費を渋った。招待されることが名誉だ、賞に輝いた時に誰もいないでは話にならない、現地に行けばそこからスタッフは何かを学ぶなどと主張したが、まったく知らん顔。結局、「世界のドキュメンタリー事情」というニュース企画を立て、報道局が予算を捻出してスタッフを派遣するという苦肉の策で映画祭に参加することにした。

ドキュメンタリー映画の企画・製作・配給は、私が所属している報道局で差配している。しかし、報道局には収入という会計の費目がない。ジャーナリズムの部署が「儲け」に直接関与するべきではないという会社の考え方が反映しているのだと思う。だから、お金の出し入れについては、組織のルールとして他部署に設定しなくてはならない。

東海テレビでは、ドキュメンタリー映画は、当時、事業開発局に配給宣伝費を置いて、報道局がその予算の執行をするという構図になっていた。しかし、ドキュメンタリー映画で赤字が出た時、責任は誰にあるのかと、そこばかり考える担当者が現れると、予算の出し渋りでケチケチ論議に巻き込まれる。

さて、モントリオールの映画祭。そこに、やはり素晴らしい出会いが待っていた。この時、もし、カナダに行かなかったら、その後の東海テレビのドキュメンタリーは、こうはなっていなかったと言っても言いすぎではない。

モントリオールの出会い。その人は……。

「樹木希林さんが、います」

二〇一二年八月、モントリオールから私に届いたメールには、映画祭の会場で大女優を囲んだグループショットが添付されていた。みんな旅先で満面の笑顔だった。

希林さんは、孫の内田雅樂さんと映画『わが母の記』で来ていて、『平成ジレンマ』で招待されていたわがスタッフと遭遇したのだった。

会社でカナダへの旅費を出せ・出さないの小競り合いをしたため、やむなく留守番となった私には、このメールの写真が、素直に喜べない。ん〜。一言でいうなら、独り取り残されたスネ夫さん。実に小さい男だ。で、一つのエピソードが頭をよぎる。大女優にはマネージャーはいないらしい。出演交渉はもっぱら自宅の電話とファックスらしい。その留守電の最後のところが振るっているらしい。「映像の二次使用は、どうぞご自由に……」と希林さん自らの録音で締め括られているらしい。この「……らしい」の連続は、当時、芸能プロダクションに勤めていた私の長女が面白そうに話していた業界話だった。

「樹木希林さんの電話・ファックス番号を聞いてください」

仕事絡みのメールをカナダにプイッと返し、スネ夫は溜飲を下げたのだった。

『約束』の主役は、仲代達矢さんでスケジュールの確保ができている。次は、奥西死刑囚の母親役だ。齊藤潤一ディレクターに腹案を尋ねる。

「樹木希林さんで、いきたいです」

「ほー。じゃあ、君が交渉してね」

私には別の案があったが、連絡先は齊藤がカナダで入手済みだし、決まれば素晴らしい人選だと思った。異国で同胞と知り合うと、不思議な連帯感が生まれることがあるし、モントリオールに招待されていたと希林さんの記憶に残っていれば、チャンスはある。齊藤は幾度も連絡をとり、「子どもの頃からファンです」とラブレターを書いた。

しかし、一発OKというわけにはいかなかった。最初は、別の女優を推薦して、自らは固辞するところから始まったが、齊藤が粘りに粘って、粘り勝ちした。希林さんは、決断すると動きが早い。新幹線と近鉄を乗り継いで現場を踏み、奥西死刑囚の実の妹にも会い、これまでの番組をモニターし、資料を集め、事件と裁判の研究を始めていた。

方言指導に旧友を

ある日、スケジュールのすり合わせのため、東京に呼ばれた。待ち合わせの恵比寿駅に行くと、希林さんがトヨタの復刻版オリジンで迎えに来ていた。夕ご飯に行こうと、あれよあれよと車に乗せられると、渋谷近辺にできた新しいビルなどについて希林さんの案内を聞きながら、贅沢な東京観光……。大女優の運転は見事で、お上りさんは、「ほーほー」とただただ感嘆の声を上げるばかりだ。

赤坂の「菊乃井」。着いたのは料亭だった。スッと、カウンターの一番端に進む。檜のカウンターの向こう側には、白帽子に割烹着の板さんたちの手が動き、その向こうの大きなガラスの外は閑静な坪庭。私たちを奥に入れて、手前から三番目の席に希林さんは座る。他の客席に顔が向かないようにということのようだ。

ご馳走が次々に出てくる。だが、こんな至近距離に大女優がいては、緊張のあまり味覚が働かない。いまひとつ心のこもらない美味コールを連発する私……。デザートも終わり、齊藤がトイレに席を立つと、希林さんにズバッと斬り込まれた。

映画の世界では、出演料の話を監督などに聞かれないようにしているのかもしれない、と頭が無駄にクルクル回る。この時、私はお金のことをまったく考えていなかった。だが、尋ねられて何も答えられないプロデューサーなどカッタルイ、出演を見合わせるなどということになっては困る。何の根拠もない数字を口から捻り出す。

「そんなにいらないから、方言指導を中村嘉奈子にお願いして。その出演料の中から必要なだけとってね」

希林さんは、突然、この話を持ち出した。中村嘉奈子さんは名古屋の女優で、NHK名古屋のテレビ開局当初、希林さんと親娘役で共演したという。その後、二人はずっと自宅を行き来する交友が続いていた。今回の出演交渉も当初、希林さんは、奥西タツノ役は自分ではなく嘉奈子さんを、と推薦していた。しかし、事件を広く知らしめるのに発信力のある女優をという私たちの希望を受け容れてくれたという経緯がある。

幾分、唐突な方言指導の話には、理由があった。かつては子ども服の店を商い、イタリア本国まで買い付けに行く元気な嘉奈子さんだったが、この頃病気がちなことを希林さんは気にかけていた。名古屋での撮影の折に、現場の空気を吸ったら役者魂が甦って、元気になるのではないか。古い友を引っ張り出したい。それが、希林さんの真意だと感じた。

「方言指導の予算は、また別に用意しますから、ご心配なく」

「地方の恵まれないローカル局」とわざと重複表現で笑う希林さん。確かに私には十分な出演料を出すことはできないが、心意気だけはと思うのだった。

エンジン全開の女優魂

スタジオセットでの撮影が始まると、希林さんは、控え室から出番だけ出てきて演じると、すぐに戻ってこもる、を繰り返した。そして、その日の撮影が終わると、まっすぐホテルに帰っていた。

役作りのためのいつもの動き方なのだろうと思っていたが、撮影三日目、夕食はどうしているのか尋ねてみると、ホテルの中の有名店で食べているが、高いだけでチットモおいしくないと言った。

「どうでしょう。今夜は居酒屋で……」

「そうよ。もっと早く言いなさいよ」

手の空いているスタッフに声を掛けると、十五人も参加することになった。打ち上げでもあるまいしこんなにたくさんと笑いながら、希林さんが言った。

「インフルエンザだったのよ。病院には行ってないけど、熱が出てから幾日も経ったからもう大丈夫」

「……」

スタッフにうつさないように気遣っていたこともそうだが、現場の雰囲気を壊さないように、病み上がりであることを隠して演じる役者魂に溜息が漏れるのだった。

「でね、仲代さんは、この出演について何て言ってるの」

希林さんは、一度も撮影シーンが重ならない仲代さんのことを幾度も尋ねた。

「最初は、再現ドラマには出たくないといってらっしゃいました」

希林さんは、膝を叩いて大爆笑した。

「そうよ。誰が好きこのんで、地方の恵まれないローカル局の、それも再現ドラマに出る

奥西死刑囚の母を演じる樹木希林さん

のよ。黒澤映画の主役を張った世界の仲代達矢と、東映の食堂のおばちゃんに『あなたは日本の宝よ』といわれた樹木希林よ……」

焼酎が少し多めのお湯割りで、エンジン全開の大女優だった。

もう一人の重鎮のこと

天野鎮雄さんは、刑務所に通う特別面会人・川村房吉を演じた名古屋の名優である。愛称アマチンさんは、「劇座」を主宰し、若い役者を育てながら、名古屋を拠点に活動している。私たちの〈司法シリーズ〉には、声優として、たびたび出演してきた。

一本の番組の中で、裁判長と弁護士の両方をこなし、被告をも演じるのだが、決して過剰ではなく、また不足もなく、ドキュメンタリーに絶妙なナレーションを放り込む。いつか、天野さんに役者としての場を、と夢想したことはあるが、武骨な報道マンには無理なことだと諦めていた。しかし、その機会がやってきたのだ。

ロケ中、仲代さん、そして希林さんに相対する姿に、役者は役を演じている時、最も輝くと今さらながらだが実感するのだった。ロケの最後のシーンまで演じ終えた後、天野さんは、「役者としてもう一度生き返った思いがする」というようなことを口にしていたが、私は感動のあまり、正確に聞き取ることができなかった。

名優と再現ドラマ

「再現ドラマ」のお話は、軽い気持ちで希林さんに言ってしまったため、制作中、幾度も繰り返されることとなった。私の考えだが、「ドラマ」にわざわざ「再現」という言葉が付いているのは、それ自体だけで作品として成り立っていないことを意味する。「再現ドラマ」と言われるものを観ると、わかりやすさが第一であり、その特徴は、大袈裟で、オーバーアクト、過剰演出である。つまり、現実の事象を、役者を使って強調してみせる番組の部品で、ドラマ自体を表現として高めようとは考えられていない。私たちは『約束』で、そのような演技を要求していない。むしろ事件の存在、獄中の死刑囚の心情、司法の理不尽を描き出すために、名優に演技を託したのである。

ロケの終盤に希林さんに、言ってみた。

「再現ドラマは、誰が演じても再現ドラマなんでしょうか……」

「再現ドラマは再現ドラマよ」

即答だった。同じ質問を仲代さんにもしてみた。

「もし、私が獄中に半世紀も閉じ込められたら、どうなるか。それを演じました」

映画公開初日。渋谷のユーロスペースの舞台挨拶に仲代達矢、樹木希林お二人が立った。カメラの放列のなかで、「再現ドラマ」論議など吹っ飛ぶ展開が待っていた。

「再審をしないまま奥西さんが死んでしまったら、司法が殺人者になると思います」

仲代さんはそう言い切った。そして、希林さんが続けた。

「仲代さんも私も、もうこの作品で仕事がなくなると思っています。仲代さんは八十歳、私も七十歳ですから、もういいかと覚悟を決めているんです」

この国の司法と裁判所を真正面から批判する映画、その出演には二人の役者の矜持《きょうじ》が秘められていたのだ。言い終えた希林さんは仲代さんの顔をゆっくり見上げた。隣で名優は、静かに頷いていた。

第9章

あの時から、ドキュメンタリーは閉塞した世界だった

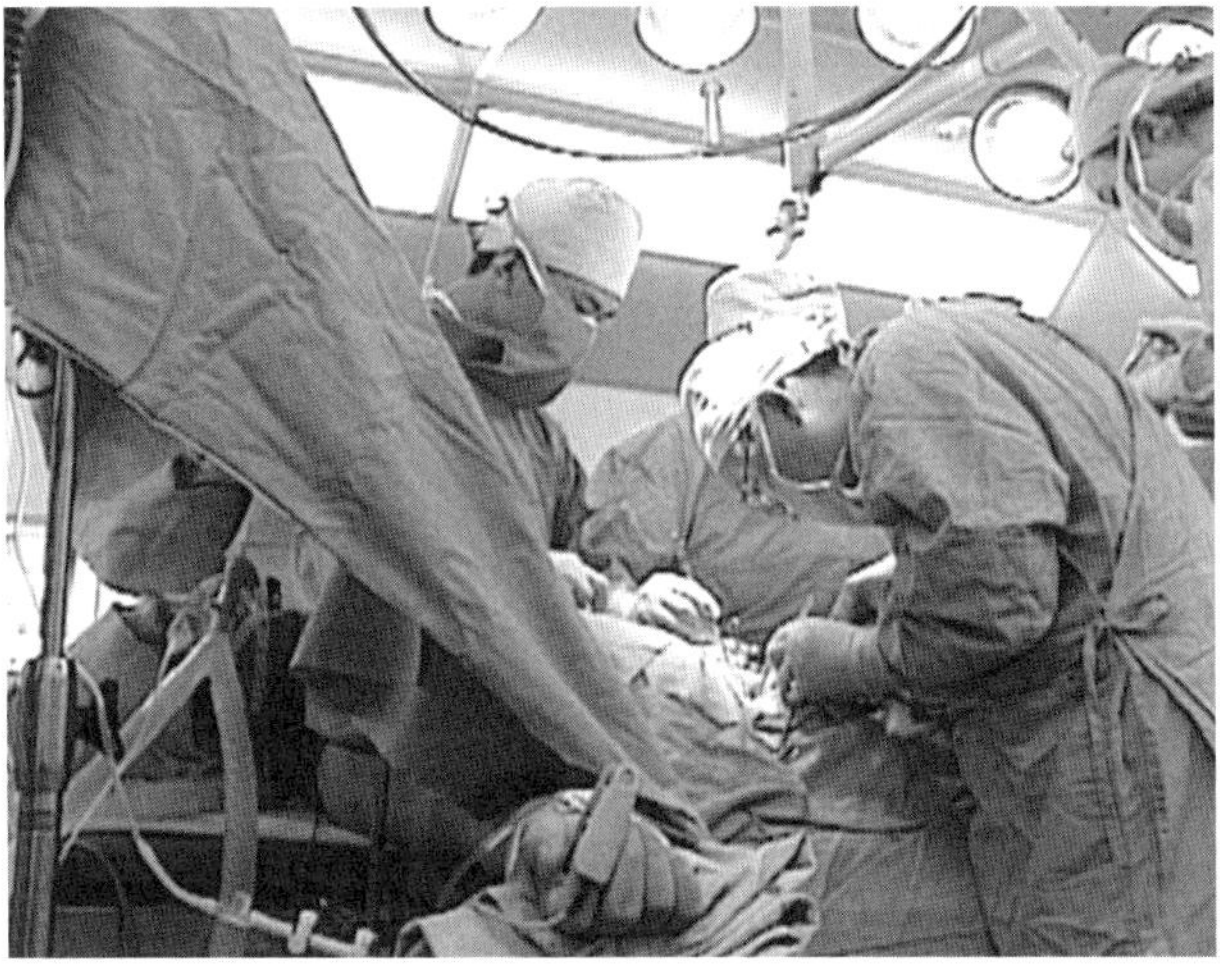

『ラポールの贈りもの～愛知の腎臓移植～』より

『ガウディへの旅～世紀を超えた建築家～』（一九八九）

アナウンス部からの異動

「私は帰ります！　いいですね！」

ザッと立ち上がり、初老の男が言い放った。ホテルの喫茶室。固く結んだ拳が若造の目の高さで小刻みに震えている。

「そうですか。お帰りになる……」

手元の原稿に視線を落とし、若造は仁王立ちの男を意識の外に放り出そうとしたが、文字が一つも頭に入ってこない。

侮辱されている……。初老の男の表情は露《あら》わだった。

「続けますか。続けるならお座りになりませんか」

その後も男の視線は激しかったが、もう刺すほどの迫力はなかった。

初老の男とは文化記録映画にこの人ありと言われた松川八洲雄監督（一九三一―二〇〇六）で、若造とは私である。ドキュメンタリー『ガウディへの旅』（一九八九）の制作をめぐる最終局面の修羅場だ。
松川監督は編集中盤から、放送日の延期ができないか、と幾度も口にし、番組制作は赤信号が灯りはじめていた。結果、編集作業を私が進めざるを得なくなり、連日深夜三時、四時まで頭が空っぽになるほど構成をやり直して、ようやく明日のナレーション撮りというところまで辿り着いた。しかし、松川監督は、何もかも気に入らなかった。私の書いたナレーション一つ一つに、侮蔑の言葉を投げつけて、構成も変えな

『ガウディへの旅〜世紀を超えた建築家〜』（1989年6月放送）

幾世代にもわたって建築の続くサグラダ・ファミリア聖家族教会。スペイン・カタルーニャ地方の自然と同じ時代の建築物を取材しながら、アントニ・ガウディを描く。従来の「ガウディ＝天才」論には立たず、建築家として花開いていく時代背景と出会いをスペイン・ポルトガル完全ロケで描いた作品。文化とは何か、消費経済が加速する日本へのメッセージ。名古屋世界デザイン博覧会の記念番組。

〈日本民間放送連盟賞〉

ナレーション：奥田瑛二／プロデューサー：高松良丸／監督：松川八洲雄
ディレクター：阿武野勝彦／撮影：中島洋／編集：森下文男
VE：門脇康郎／効果：吉田弘／音楽：間宮芳生

きゃダメだと毒づき続けた。

若造へはスケジュール優先で仕事を進めたという怒り、初老の男に対しては為すべき仕事をしなかったという不信感が、真っ向からぶつかり合っていたのだ。読み合わせを最後までして、私はナレーション原稿の確認について、一方的に終了を告げた。

世間は勝手だ。多様な経験をしてきた人を持ち上げる一方で、この道ひと筋という鉄人が大好きだ。私はドキュメンタリーひと筋の職人でもなければ、自慢できるほどの多様な経験もない。

東海テレビにはアナウンサーとして入社したが、どんなに特訓しても頭の中の言葉をスムーズに口に出せない半端者だった。言語を捻り出すのに自信がなく、悩まないではいられない病が治らなかったのだ。二十三歳で朝のワイドニュースのキャスターになり、その後、事件・事故の現場でリポーターもしたが、マイクを前にすると吃《ども》りが始まってしまう始末だった。

もっとふさわしい言葉はないか……。グジュグジュした試行錯誤が頭と口をバラバラにし続けた。簡単に言うと、不向きな職業に就いてしまったわけで、テレビの中で別の道を考えるしかない。アナウンス部に籍を置いたまま遊軍記者を志願し、警察、医療、経済などの現場を回り、あれこれ番組の構成も受け持った。

そうして入社から七年、二十九歳の時にドキュメンタリーと行政の広報番組のセクションに異動することになった。

松川監督との葛藤

一九八九年、世界デザイン博覧会が名古屋で開催されることになっていた。名古屋城の横に「ガウディの城」という大きなオブジェを建てる計画があった。私はスペイン・ロケでアントニ・ガウディの足跡を辿るという記念番組を担当することになった。それが『ガウディへの旅～世紀を超えた建築家～』。私にとって、ゼロから作り上げる初めての番組だった。

博覧会の前年、一端《いっぱし》のディレクター気分で、バルセロナでロケーションハンティングを始めたのだが、その後、上司から松川八洲雄さんが番組に参加することになったと通告された。私のあずかり知らぬところでの起用だったが、経験の浅い私には荷が重いと報道局の幹部が判断したのだろう。

松川監督は、『鳥獣戯画』（一九六六）などで知られる著名な映像作家だった。東海テレビでは『今は昔 志のとおきな』（一九六八）など、中島洋カメラマンとコンビを組んで数々の名作を作り出していた。「開局記念番組や賞獲りは、松川さん」という定評が社内にあった。しかし、現場は大変だった。松川さんと前作を担当した先輩ディレクターは、自律神経失調に苦しんでいた。机の近かった私に、その苦悩が沁《し》みてくるほどだった。

「アシスタントディレクターとして関わらせてください。下働きに徹します」

私は、即座にディレクターからの降板を願い出た。書き上げた分厚い原稿を一枚も読まずに目の前でゴミ箱に捨てられたり、現場で執拗にイジられると先輩から聞いていたが、そうしたことに耐えられそうになかったからだ。しかし、名作の舞台裏を見る機会はそうないし、このスタッフに程よい距離感で加わり、その技を見て盗みたいと考えたのだ。

しかし、現実はそう甘くなかった。つまりこの番組には、映像を編集しナレーション原稿を書くディレクターが必要だったのである。結果、松川監督と私は、番組をめぐって激しく葛藤することになる。

監督からの手紙

スペイン・ロケの一コマ。ガウディを生んだ背景を求めて、カタルーニャのボイ谷まで行って、石造りのアーチを撮影していた。さっき昼食で呑んだセルベッサ（ビール）があっという間に体の外へと蒸発していく。乾いた夏のスペイン。松川監督は、ことのほか食事にこだわる。ADとしては、日、韓、西、仏、伊とレストランを手際よく回す。一ヵ月の撮影旅行の成否は、食事で決まる。よく呑み、よく食べ、よく語る。

しかし、お昼を食べたばかりだというのに、

「ディレクト〜ル。夜のゴハンは何ですか!?」

ずり下げた遠近両用メガネの上から、いたずらっぽいクリクリ目玉が光る。

「カント〜ク。困りましたね。もうお腹が減ったんですか」

ロケ中に、お決まりの軽いジョークだった。

当時、東海テレビのスタッフは「松川さん」と呼んでいた。「監督」という呼び方を定着させたのは、私だ。

ロケハンに続くスペイン長期ロケに松川監督が同行していたが、その途上、撮影スタッフ全員で姉妹提携の親書を持ってバルセロナのテレビ局を訪ねた。話し合いの最中、テレビ局の幹部たちはなぜか若輩者の私に向かって話しかける。返答が欲しいときなど、特にあからさまだ。

夕食のとき、通訳が「ディレクトールは、局長です。この中で一番偉い人」と種明かしして大爆笑。私の名刺の肩書きは「DIRECTOR」になっていた。それから松川さんは「ディレクト〜ル！　ディレクト〜ル！」と、私を茶化すようになり、私も「カント〜ク」と応酬したのが始まりだ。

ロケが終わるまでは良好な関係だったのだが、帰国して編集を始めると、松川監督はスランプになったのか、なかなか作業を進めない。「ガウディ」という題材には、特別な思い入れがあって、それが邪魔しているのか。勅使河原宏監督・武満徹音楽の『アントニー・ガウディー』のことを幾度か口にしていた。そして、「ガウディ＝天才」論に立つような愚行を拒否しようと高揚した文面の手紙をくれたこともあった。

複雑な気持ちが錯綜していることは理解していたが、制作スケジュールは松川監督も了解していたはずなのに、締め切りが近づいてきたところで、放送日の延期などと、ちゃぶ台をひっくり返すとは……。

スポンサーもあるし、不可能だと言うと、「できるはずです」と一歩も引かず、「困るのはあなたですよ」などと妙なことを言う始末。私もADなのだから放り投げればいいのだが、フリーの監督に対応する会社の窓口としてのプライドがある。「監督がしないのでしたら、私が編集を進めます。いいですか」「できるのなら、そうしてください」。松川監督は、ADの私に仕事を投げたのだった。

番組の終了後、監督はどこかに訴えると局の上層部を揺さぶり、その後、「アナウンサー上がりのバカなテレビ局員が作品を台無しにした」というようなことを著書に書き、自身のフィルモグラフィーに『ガウディへの旅』の項はない。

松川監督が亡くなって十五年が経つ。激しく葛藤し、その後、会社の廊下ですれ違っても挨拶程度しか交わすことはなかった。しかし、不思議なことに、私の怒りはいつの頃からか思ってもみない形に変わっていた。それは、自分が松川監督から強く影響を受けたという思いだった。

ある日、ロッカーを整理していると、「ガウディ」と書かれた古い紙袋が出てきた。ぎちぎちに資料の詰まったその中に、レストラン「4CATS」のマッチなどスペイン・バルセロナの懐かしい品々とともに、松川監督からの何通もの長文の手紙があった。特徴のある文字で、私のことを「阿武野丸」と書き、文面はユーモアに溢れている。そして……。

「これまでのガウディ論はすべて天才論に立っている。しかし、風土、時代、環境、歴史、思想、生まれるべくして生まれた。その『べき』について論証せよ。その弁護士として阿武野君は武装せよ」

　手紙を読み返して、私は呆然とした。青年への期待に溢れていると感じたのだ。松川監督は、私をADだと思っていなかったのかもしれない。その気持ちを受け取るのに、四半世紀もやり過ごしてしまった……と。

　考えてみれば、オリジナル音楽の作り方も、「時代《とき》が流れる。城塞《おしろ》が見える。無傷な魂《もの》などどこにあろう……」（A・ランボー作、中原中也訳）という詩で番組を牽引《けんいん》していくアイデアも、ガウディ建築とモデルニスモ（スペインでのポストモダン運動）の画家・建築家たちなどを重ね、歴史の中にガウディを位置づける手法も、松川監督に教えられたものだ。現場では、カメラマンを徹底的に泳がせ、編集では詳細な絵コンテを作ってスタッフみんなで試行錯誤するスタイルは、いつしか私たちの伝統にさえなっている。

『ガウディへの旅』は、三十歳またぎの私に訪れた山場だった。今、あの時の監督とほぼ同じ年回りになった。そして、ドキュメンタリーの制作者を続けることに煩悶する時、最後まで現場を歩き続けた松川監督のことを思う。

怒りにまかせて反発していたあの頃のことを忘れて、

「カントーク！」

と、呼んでみる……。

「きょうのゴハンは何ですか……」

いたずらっぽく笑う松川監督が浮かぶ。

『ラポールの贈りもの～愛知の腎臓移植～』(一九九〇)

報道局のサムライたち

「イショクや！　臓器移植をやるんや！」

ワニのようなでっかい口で、デスクが叫んだ。臓器移植を題材にドキュメンタリーを作れと言うのだ。その時、私は報道部で教育と経済、そして医療を持ち場とする遊軍記者だった。

「心臓・肝臓移植が再開される。いまはまさにその前夜や。だから、作るんや」

しかし、札幌医大の和田心臓移植事件（一九六八）を克服できず、その時、日本の医学界に心臓・肝臓移植の計画はカケラもなかった。移植の必要な子どもたちは、一億円を超える募金を呼びかけ、アメリカやオーストラリアに渡って手術を待つしかない時代だった。

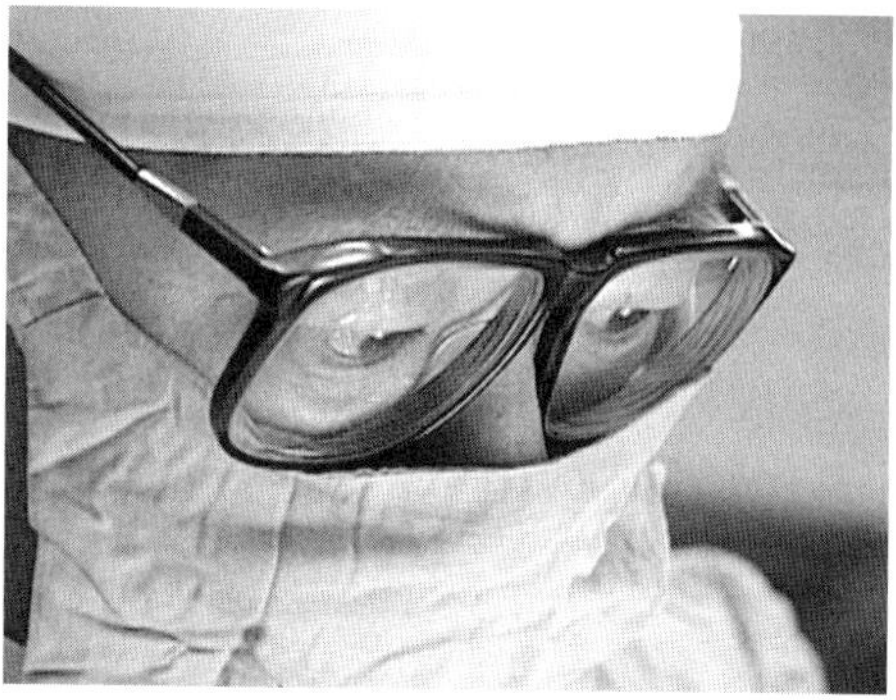

『ラポールの贈りもの～愛知の腎臓移植～』（1990年５月放送）

この国の臓器移植は、どうなっていくのか。ドナーとレシピエントという双方の視点から、日本人の死生観と移植医療の将来を考える。愛知県の腎臓移植は、大学病院が中心となって推進されているわけではなく、名古屋・中京病院の大島伸一医師を中心に組織されていた。人工透析を続ける働き盛りの息子に腎臓をあげたいという母とその家族の様子、亡くなった幼児から腎不全の子どもへバトンを渡された移植医療の一部始終。臓器提供サイドは、藤田医大の救命救急センターの日常に密着した。

ナレーション、ディレクター：阿武野勝彦／撮影：塩屋久夫
編集：西野博／効果：森哲弘／VE：今田育男

しかし、このデスクは一度言い出したら人の言うことなど一切聞かない暴走列車。昨晩、どこかの呑み屋で外科医と意気投合して、思い込んでしまったに違いないが、命じられた私は、何はともあれ取材に歩くしかないのだった。

私が入社した頃、東海テレビの報道局には、「サムライ」がいた。やれ仁義だ、やれ男の生き様だと、真っ

昼間の職場で口角泡を飛ばし、デスクや記者の摑み合いを目撃したのは一度や二度ではなかった。こんな連中にネオン街に連行されると、尋問・詰問の一夜を避けることなどできようはずがないのだった……。

「お前は、ジャーナリストになるんか!? それとも、ただのサラリーマンに堕ちるんか!? 決めぇ～! ここで決めぇ～!!」

カメラマンもすごかった。火事の建物の中に突入するわ、取材相手とケンカをするわ、サル山に野宿をするわ……。『東海テレビカメラマン列伝』というコミック本が書けるくらい奇妙奇天烈《きてれつ》な人だらけだった。

トラブルという藪の中に

当時、日本で行われている移植医療は、腎臓と角膜だけだった。そのなかで、腎臓移植は大阪とともに愛知が最先進県だった。熱心な医師たちがいて、臓器移植についてネットワーク化が図られていた。不思議な構図だが、愛知県では大学病院ではなく、市中病院の医師が牽引していた。

社会保険中京病院泌尿器科部長室。目の前の長椅子には、横たわった身体の残影。明け方まで続いた手術後に仮眠をとったのだろう。資料で足の踏み場もない部屋で、大島伸一医師と初めて対面した。挨拶をして話し始めたばかりなのに、何が気に入らなかったのか。

メディアへの不信感を露わにしていることはわかったが、事前に電話をして訪ねたのに、立たされたままでいきなりこれだった。

「あんたたちとはどういうことですか⁉　私は独りですし、きょう初めてお会いしたのに、いつもそうだとはどういうことですか⁉」

「あんたたちは、いつもそうだ」

手術が長引き、外来の診察へとなだれ込み、疲労困憊だったのだろうが、カチンときた。この後、どんな話をしたか覚えていない。ただ、これを読んだら、また話そうと、アーサー・ヘイリーの『ストロング・メディスン』を手渡され、体よく追い払われた。

取材の入り口でトラブルになることがよくある。なるべくなら避けたいことだが、出会い方も考えようかもしれない。たとえば、取材対象がテレビを利用してやろうと考えている時、だいたいはウェルカムの笑みで迎えてくれる。しかし、利用し、利用されるという関係に足を取られると、あれを番組に盛り込んでくれ、これは使わないでくれと、こちらの表現を貫徹できない恐れがある。一方、取材対象に秘めておきたいことがある時は、どうだろうか。歓迎するどころか取材拒否されることさえある。トラブルという藪の中には、むしろお宝が潜んでいると思ったほうがよいのかもしれない。

実際に取材を始めてみると、ドナーとレシピエントの間で奮闘する医師たちの姿は、医療の原点を垣間見せてくれた。たとえば、腎不全の息子に自分の腎臓を提供したい母が現れるが、健康な肉体を傷つけて臓器を摘出する生体移植とは一体何かと自問する医師。救命救急に運ばれてくる患者を懸命に治療する医師と、脳死状態になった患者の家族に臓器提供を促す医師。命をめぐる医療者たちの姿と日本人の死生観が目の前に展開する。

心臓・肝臓移植は手術の失敗が死を意味する不可逆的な医療である。最高峰の医療の未来と腎臓移植の実態は、どうつながっているのか……。

その時、私は、裾野を丹念に歩けば、その山の頂が描けるのではないかと考えていた。医療現場の密室性と患者のプライバシー……。取材力の足りない自分を追い立てるために、私には珍奇な仮説を立てる必要があった。

『ラポールの贈りもの～愛知の腎臓移植～』（一九九〇）は、その後、いくつかの作品でコンビを組む塩屋久夫カメラマンの、四十二歳、遅咲きのデビュー作となった。「ラポール」とは、医師たちが取材中に口にしていた耳慣れない言葉だが、心理学用語の「信頼関係」だ。

読経とアナウンスの共通点

この番組には大きな失敗があった。ナレーターを自分でやったことだ。ディレクターとして原稿を書き、ナレーターとしてその原稿を読む。アナウンサーをやめて間もなくのことで、自分の原稿は誰よりも上手に読めるという驕《おご》りがあった。しかし、伝えたいことが溢れ、詰め込んだ原稿をカットできず、番組は早口のナレーションでベタベタになってしまった。

　放送を終え、幾度もモニターした。そして、窮屈きわまりない番組の向こう側に、「余白」というキーワードが浮かんだ。「余白」とは、思考を回すためのテンポであり、考えるための「間」だ。私は、番組を観る人たちから、その「間」を奪っていたと思った。「余白」を意識することで、テレビを観る人々の想像力に託す力がついていった。

　入社したての頃、アナウンサーの大先輩が、こんなことを言っていた。

「アナウンサーと乞食と坊主は一度やったらやめられない、ってね……」

　その「こころは……」と、答えを聞かなかったので、真意はわからないままだが、なぜか歴史的な名言のように覚えている。私は寺の生まれで、中学生で得度した。アナウンサーと坊主、やめられない二つをかじった。だから何となくわかる。答えは、読経とアナウンスだ。両方とも発声法が腹式呼吸なのである。腹式で発声すると頭蓋骨に心地よい響きが残る。独特の振動には習慣性があるような気がする。私が『ラポールの贈りもの』のナレーションに固執したのは、これが理由だったのかもしれない。

　大島医師は、学生時代に大学という組織に失望して飛び出した。だから、講師や助教授の経験はない。しかし、母校の名古屋大学から泌尿器科の立て直しを頼まれて、キャリアを飛び越えて教授になった。その就任祝賀会で私は、アナウンサーでもないのに司会に立っていた。アナウンサー、恐るべし。やはり、一度やったらやめられないのかもしれない……。さらに、国立大学改革の嵐の中、大島教授は病院長となった。院長に推挙されるところから「白い巨塔」の中にカメラを入れて、『理想のかたち～名古屋大学病院改革30日～』（二〇〇四）を制作・放送した。

恐怖との折り合い

「お前の等身大を見た。等身大を番組に出せるディレクターは、そうはいない。次を作れ」

猛省していた番組について、先輩ディレクターが思わぬ評価をしてくれた。〝等身大〟という言い方は、とても素敵な褒め言葉だと思った。

しかし、次の作品を求められても、私に手持ちのテーマはなかった。むしろ、自分の取材力のなさ、臆病さに悩んでいた。取材という行為に、やましさというか、うしろめたさというか、モヤモヤした気持ちを払い除けられずにいた。

人を世間に晒《さら》す。そういう卑しい行為で私は食っている。メディアの加害性と言って押し流してしまえるならそうしたいのだが、心の奥底に、上目遣いに相手の表情をうかがう「情報乞食」のような自画像が貼りついて離れないのだ。入社九年、テレビマンとしての自分に折り合いがつかないままジクジクしていた。

ドキュメンタリーとは、何だろう。取材を通じて相手を裸にしていく。しかし、ある時から相互の関係は対等になる。言い換えるなら、「私にはあなたがこう見えました」を露わにするのがドキュメンタリーで、最後に番組に映り込むのは、紛れもなく制作者である自分の裸なのではないか。そう思えるようになったのは、ずいぶん先のことだ。

この世界に入って四十年が経つが、取材対象、そしてドキュメンタリーを作ることへの恐怖との折り合いは、まだついていない。それでも、病のように、ドキュメンタリーをやめられない。この恐怖心というか、畏れというか、そうした気持ちが消えてなくなった時、私は現場から退こうと思っている。畏れ……。それは、同時代を感知する私の皮膚感覚そのものだからである。

若者はドキュメンタリーを忌避している

「日本のドキュメンタリーは死んでいる」

学生たちの集中砲火を浴びて教室を出ようとすると、一人の学生が駆け寄ってきた。

「先生。ボクは……、ボクはドキュメンタリーは生きていると思います。なぜなら……」

私は同情されていた。

キャンパスから逃げるようにタクシーに乗り込み、車窓をぼんやり見ながら、教室でのことを反芻《はんすう》していた。

砂の大地。焼印を背中に押しつけるような太陽。巨大な絶望に、心はとうに捻り潰されているのに倒れることすらできない。ただただ、脚を前に送る。

それでも、いつか潤いの女神が降りてくる。もうわずかな命だというのに、頭の片隅から希望が離れることはない。砂漠の男の夢……。

「日本のドキュメンタリーは生きているか。それとも、死んでいるか」

学生たちに問いかけた。百七十人の教室に、声はない。手を挙げる学生など一人もいない。発語を強要するかのようにもう一度問いかけた。

「生きているか。死んでいるか……」

二者択一の問いにすると、手が上がり始める。答えは「死んでいる」の一色だった。

・すべて、後味が同じで、グッとくるような終わり方で完結する
・作為的で、映される人が作り手の伝えたいことのコマのよう
・気持ちの悪い心地よさ
・平易でワンパターンのキレイごと
・起承転結を求めすぎ、表面的な不愉快さ、難解さへの拒絶

この講座は、日本ペンクラブと立命館大学文学部の連携授業「制作者と語る現代表現論」の一コマ。浅田次郎さん、ドリアン助川さん、森絵都さんなど多彩な講師陣の中に、不釣り合いなテレビ制作者が紛れ込んだような感じだった。将来、表現の世界で生きていきたいと思っている意識の高い学生たちが多く参加していた。

私は授業の途中から、ドキュメンタリーに関わっているすべての制作者に、学生たちの声を聴いてほしいと思い始めていた。

学生たちは無関心なのではない。ドキュメンタリーは、すでに忌避されているのだ。

「障害者を晒しものにするんじゃねぇ」

戦争をテーマにすることを、私はずっと避けていた。語り継ぐ大切さはわかっているのだが、取り組みたくない題材の横綱だった。取り組む人はたくさんいるし、任せたいと思っていた。しかし、三十六歳の時、『村と戦争』(一九九五)という番組で、戦争に踏み込んでしまった。岐阜支局の駐在記者をしている時に、地域を旅して回っているうちに出会ってしまったのだ。心身に障害のある人たちを取材対象にすることも、同じように避けていた。これも二十世紀中は手をつけなかったが、『とうちゃんはエジソン』(二〇〇三)という番組で、その扉を開くことになった。

なぜ、避けていたのか。このテーマに取り組む制作者は、一様に「いいひと」の顔をしていた。この「いいひと」の顔をした制作者のようになりたくなかったのだ。上手に言えないが、このことを喝破する場面に遭遇したことがある。

二〇〇三年七月四日、日本民間放送連盟賞・中部北陸地区予選の審査会で男が怒鳴った。

「障害者を晒しものにするんじゃねぇ」

審査員だった映画監督が、講評の席で、制作者に向かって、大きな声を出したのである。

障害者を取材対象にするなと言っているのではない。扱い方が安易だというのだ。障害者を頑張る「弱者」として、そして、それを支える人たちを健気な善人として描き、悪い人は一人も出てこない、そういう物語の放送をし続けて何になるんだ。そういう意味のことを、その映画監督は言った。

私は、その年、審査会で上映されていた作品に辟易としていた。しかし、そんな気持ちは誰にも言えない。それは、その種の番組を悪く言うのは、「弱者」を足蹴にするがごとくで、批判すること＝悪人という構図にハマってしまうからだ。わかっているけど言ってはいけない、というやつだ。しかし、批判されないテーマは、手軽に再生産されやすい。

二〇一六年七月、相模原の津久井やまゆり園で起きた大量殺人事件のニュースを見た時、私は映画監督の「晒しもの」発言を思い出していた。ありがちなドキュメンタリーを流し続けてきたことが、あの事件とまったく関係ないと言い切れるだろうか、と。

「偏見」の裏返しの「偏見」を作り出す罪……。〈無関心〉から〈忌避〉へと至るベクトルのなかに、私たち制作者はどういう役割を果たしてきたのだろうか。

ドキュメンタリーはサブカルか

二〇〇〇年を跨いで、テレビの営業局で番組に関わるお金の回り方を学び、制作現場に戻ることになった。一度、外からテレビドキュメンタリーを見る機会を得て、私のドキュメンタリー観に少し変化があった。それは、制作者としてあまり言うことのなかったことで、テレビドキュメンタリーは「瀕死の状態」「ジリ貧」だということと、「ドキュメンタリー＝サブカルチャー説」だ。天に唾を吐くようなことと知りながら、外に向かって発言し始めた。

二〇一七年二月、全国制作者フォーラムのティーチ・インで、「サブカル説」を持ち出してみた。ドキュメンタリーの劇場上映についての話のついでに短く話したので、会場では議論にはならなかったが、場所を移した懇親会の席で、放送評論家の鈴木嘉一さんが反応した。

「サブカルはいけないよ。あなたが、そう言っちゃったら……。サブは、補完でしょ。大勢を補完するもの。せめてカウンターじゃないと」

鈴木さんのアドバイスは、次世代のドキュメンタリストを励ましながら、いつかはテレビの真ん中へと肯定的に示したほうがいいということだった。思っていることは一緒だが、制作者一人一人が、厳しく現状を見つめ、それぞれが制作するドキュメンタリーのパワーを充填していかなければ、未来はないと思うのだった。

ドキュメンタリーは、歴史的にはどうか。私がテレビの世界に入った一九八〇年代初頭には、すでに孤高の存在だった。全国ネットの番組としては成立が難しく、放送枠も深夜に追いやられ、ジリ貧のジャンルだった。

それでも東海テレビでは、主に二人のディレクターと数人のカメラマン、編集マン、効果マンが、ドキュメンタリーに勤《いそ》しんでいた。番組の先には、文化庁芸術祭、ギャラクシー賞、「地方の時代」映像祭、放送文化基金賞、日本民間放送連盟賞などのコンクールがあった。そこで一定の成果を上げると、次の打席に立てるというサイクルだった。先輩ディレクターたちの姿は、「ドキュメンタリー道」をきわめるために日々苦闘している修験者だった。過度に俯き、近寄りがたさを醸し出しながら編集室とトイレを行き来する姿、そして、難病の取材を繰り返すうちにアルコール依存となって苦しむ姿、身近で見た二人の先輩である。ドキュメンタリーを作るということは、孤独と苦しみを共にすることだと思った。いま考えてみると、もうあの時から、ドキュメンタリーは閉塞した世界だったような気がする。

大学の講義の話に戻る。私は、今日までの自分の道程をかいつまんで話した。表現に直接関わる仕事に就きたいと学生時代に思い始め、運よくテレビ局に入り、入社後にアナウンサーとなり、そこで言語表現に悩んだこと、そして、報道記者を経てドキュメンタリーに関わることになったこと……。それから、二〇一一年に始めたドキュメンタリーの劇場公開の試みについて、十五分のダイジェスト映像を上映した。

表現世界への入り口

講義の最後に小論文の課題を出した。「テレビ制作者と表現について」の論考を学生たちに書いてもらった。テレビドキュメンタリーへの無関心から忌避へ行ってしまった百七十人の反応はどんなだろうか、ちょっとドキドキした。

- 志を高く掲げよう。言論人として生きよう
- テレビの可能性について弛《たゆ》まぬ思考の海を泳ぎ続けよう
- 瀕死のドキュメンタリーのために何ができるか考え続けよう
- 滅びゆくテレビのために何ができるか、考え続けよう
- 原点を大事にすることでしか、活路は開けないことを肝に銘じよう
- 局地戦こそが、活路を開くと心得よう
- 人生を賭けて取り組むべきことが何か、私にはわからなかった。それが見えてきた

意外な反応の連続だった。私の持参したVTRの中の『平成ジレンマ』『長良川ド根性』『青空どろぼう』『約束〜名張毒ぶどう酒事件 死刑囚の生涯〜』『神宮希林』『ホームレス理事長』『ヤクザと憲法』『ふたりの死刑囚』『人生フルーツ』が、学生たちのドキュメンタリーについての先入観を打ち破ったのではないかと思った。

番組と人……。出会いが大事なのだ。作品に出会うことが、表現世界への入り口となる。だから、制作者は、ドキュメンタリーの裾野を広げていくために、思い切り自由な作品を繰り出していけばいいのだ。それは、若手にとっては、前例踏襲型のありがちな番組を拒否することだし、キャリアを重ねた制作者は、自分の体験に固執せず、次世代の冒険を応援し続けることだ。そうすれば、二十年先か三十年先かわからないが、ドキュメンタリーがこの国で息を吹き返す。私は、そう信じている。

先に触れた優しい学生……。ちゃんと聞かずに逃げ帰ってしまった私だが、今、これを書いていて気がついた。彼は慰めようとしたのではなく、ドキュメンタリーについて、心から語りたいと思っていたのではないか、と。

第10章 題材は探すのではなく、出会うもの

『村と戦争』より

『はたらいて はたらいて』（一九九二）

おばあさんと蟻一匹

「取材などお断りです。来ないでください」

お会いしたいという電話に、女医はきっぱり言った。この頃、私は取材拒否されることが恐ろしくてたまらなかった。

生来の気の小ささと、人に嫌悪感を与えてはならないとアナウンサーの師匠に教えられて、すっかり相手に拒絶されることに臆病になってしまったのだ。

「おぼっちゃまは、私の最後の教え子ですよ」

そう言いながら、首藤満アナウンス担当部長は私を二年にわたってマンツーマンで指導してくれた。首藤さんは、ラジオのアナウンサーを振り出しにテレビの世界に移り、ワイドショーや紀行番組のナレーションなど、まさに王道を歩んできた古式ゆかしいアナウンサーだった。アナウンス技術は上手に受け継ぐことはできなかったが、師匠が語ったエピソードは、私のテレビマンとしてのあり方に大きな影響を与えた。

独居のおばあさんの家にお邪魔して、若かりし頃の首藤さんは縁側に腰かけてインタビューしていた。当時は三分しか撮影できないフィルムカメラだったので、映像と音声の撮り込みは緊張感に溢れていた。独り暮らしの寂しさを聞くアナウンサー、答える老女。

『はたらいて はたらいて』（1991年５月放送）

名古屋市中村区稲葉地にある小児科医院。水野康子医師が駅西の下町でずっと地域医療を担ってきたが、子どもの患者が減っていた。高齢化と少子化が進む都市の中のドーナツ現象だ。この古い下町で、老人たちがどのように過ごしてきたのかを聞き取りながら、この国が突き進む高齢社会の実相を描き出す。

〈文化庁芸術作品賞、日本民間放送連盟賞、「地方の時代」映像祭賞〉

ナレーション：森本レオ／プロデューサー、ディレクター：阿武野勝彦
撮影：塩屋久夫／編集：奥田繁／効果：森哲弘／VE：北村昌人

おばあさんのワンショットか自分とのツーショットと思いきや、レンズは、かなり下を狙う角度だ。おばあさんの語りを妨げぬよう、レンズの先を確かめる。そこには……。縁側をゆっくり歩く一匹の蟻。蟻が歩いていた。

「独り暮らしのおばあさんと蟻一匹。んー。テレビは、言葉より映像なんだよ。わかるかな、おぼっちゃま……」

日本語の魔術師と思って

いた師匠が、語ったテレビ論は、映像論でもあり、アナウンサーの役割論でもあり、そして、将来の私にとってのナレーション論の入り口でもあった。

子どものいなくなっていく街

一九九〇年代初め、テレビは世間に大切にされていた。メディアとしての力は今よりもはるかにあったし、たとえば、取材相手への電話は、「取り上げます」という言い方が報道局では普通だった。

こんなこともあった。社旗を車のサイドポールに掲げて高速道路に入っていく。「東海テレビです！」と大きな声で言う。料金所のおじさんは「ご苦労さまです！」と、急いでバーを上げてくれる。事件・事故の現場に一刻も早く行かせてやらなくてはと、緊急自動車並みの扱いをされていた。

わずか四十年前、テレビは信頼されていたし、尊重もされていて、相当な便宜を図られていた。

しかし、ドキュメンタリーの取材相手となると、話は別だった。私は、取材拒否された女医に手紙を書くことにした。

名古屋市中村区稲葉地。名古屋駅の西、庄内川を背にした下町。その一隅に緑のかわいい屋根の診療所があった。「水野小児科医院」。そこが、取材したい場所だった。

水野康子医師は、当時六十四歳。学区の校医をしながら、戦後一貫して地域医療に邁進してきた。患者とのエピソードを『鳩時計』という本にまとめて自費出版していた。その本が、めぐりめぐって私の手元にあった。水野小児科の診療日記を読んでいるうちに、大都市の中のドーナツ現象、つまり街の真ん中に過疎が生まれているという社会問題の萌芽を感じた。子どものいなくなっていく都会。小児科の医師として地域を見続けてきた彼女の目を通して、この時代を考えてみたいと思った。

面会は午前の診療を終えた後だった。最初は、座り位置のせいか患者が病状を聞かれるような感じで、取材のあらましをじっくり聞いてもらった。次に、患者が付き添いを連れていくように、塩屋久夫カメラマンと訪問した。

診察室は六畳程度で、年代物の素朴な木の机、患者用の丸椅子、懐かしいような木製の診察ベッド、窓際に大きな植栽、そして壁に鳩時計……。

大きなテレビカメラが入れそうなスペースは見あたらない。

「診療所の日常を撮らせてほしいのです」

「診察の邪魔にならないようにね」

水野医師の後ろに控えていた看護婦の視線は厳しかったが、取材は受け容れられた。

帰りしな、下町の定食屋で遅いお昼を食べながら、塩屋カメラマンに話した。

「あれじゃ撮れませんよね。狭すぎて……」

「でも、なんとかなるでしょう」

この人は、決して後ろ向きのことを言わない。

取材初日。診察前にカメラをスタンバイする。窓と大机の間に三脚を押し込み、通称ENGというスタンダードタイプの取材用カメラを載せる。植栽が邪魔して、カメラを左右に振るパーン棒が回せないほどだ。私と撮影助手は、患者たちの雑談を聴きながら待合室で座り続ける。鳩時計が一時間ごとに、呑気に鳴く。そんな取材を数日重ねた。

休診の日、撮ったテープと再生用モニターを持参して診療所を訪ねる。

「先生。こんなふうで……。んー。撮れません」

もともと無理強いして始めた取材だ。こちらから模様替えしてほしい、などということはとても言い出せない。

「どうしたらいいの!?」

水野医師の一言に、私たちは顔を見合わせた。人柄は、財産である。塩屋カメラマンのような見るからに誠実な紳士に、ずいぶん窮屈をさせている、そう感じていたのだろう。

「もう、あなたたちのお好きなように……」

私たちは、すかさず机をずらし、植栽を移動させたが、それでも身体を小さくして、立ちっぱなしという撮影環境は続くのだった。

迷い道で出会うこと

『はたらいて　はたらいて』は、少子化問題を描こうと取材を始めた企画だ。毎日、診療風景を撮影して、女医と子どもたちのエピソードを重ねていこうとしていた。

しかし、ロケの序盤、私の祖母・千代子があの世に旅立った。伊豆の実家での葬儀に列席して、祖母も毎日礼拝していた本堂に親族が集合して手を合わせる。朗々と導師が経を唱え、引導を渡す。

「阿武野〜千代子、十人の子どもをもうけ〜」

十人……。私は、びっくりした。父は次男で、兄は早世したと聞かされていたし、弟は三人、妹は二人。いくら数えても、祖母の子、つまり私にとっての叔父・叔母は、十人にならなかった。この時代の人は、誕生日ですら結構いい加減だとはいうが、入学式や卒業式には祖母がいつも列席するほど、私はおばあちゃん子だった。それなのに、祖母のことを何も知らなかった私……。

本堂を吹き抜ける風が、頬を撫でる。こんなふうに、私の二世代前がこの世から消えていくのか。読経が響く中、落涙を止めることができなかった。

名古屋への帰りの列車の中で、私はぼんやり考えていた。

せめて、祖母の世代のことを聞き取れないものだろうか、と。

次の日、取材先に戻ると、風景が一変して見えた。待合室が老人ばかりなのだ。女医と子どもたちを描こうとするあまり、患者の圧倒的多数が老人だったのに、私の目は、子どもにだけ向けられていたのである。

高齢化と少子化は、コインの裏表。祖母の死をきっかけに、視線が小児科に集う老人たち、そして、地域の独居の人々へと転換していくことになった。

名古屋市中村区社会福祉協議会。当時始まったばかりのホームヘルパーの仕事を取材したいと訪ねた。企画内容をありのまま話すと、広報の係は、依頼者のプライバシーがあるので協力できないと何とも冷淡な反応だった。ただ、脇で話を聞いていたヘルパーの一人が、そっとメモをくれた。

「大概、お昼はここにいるよ」

ヘルパーが集まる喫茶店の名前が書いてあった。幾日かそこに通い、ヘルパーの話に耳を傾けた。しかし、上司の許可もなく依頼者の家にカメラを入れるのは、難しそうだった。

ある日、ヘルパーたちが盛り上がっていた。週に一回、掃除と買い物を頼まれる独居のおばあさんがいる。その家に行ったら、お饅頭を出してくれたという。

「それがねぇ、なんかモニャモニャしてるのよ、お饅頭《まんじゅう》。じっと見てみたの……。何だと思う？　蛆虫《うじむし》なのよ。そんなの食べられる？　びっくりでしょう。アッハッハ……」

コーヒーカップを片手に、みんな大爆笑だった。

「おばあちゃん、目が悪くて、腐っているのがわからなかったんじゃないかな。食べてもらいたいと大切に戸棚に取っておいたら、虫が湧いちゃって……。でも、そのお饅頭は、おばあちゃんの精一杯の気持ちなんじゃないかな」

私は勝手な妄想話を、ヘルパーたちに向けた。一瞬、神妙になったが、こんな話もある、あんな話もあると、依頼先のエピソードを熱く教えてくれるのだった。喫茶店を出ると、役所でメモをくれたヘルパーが満面の笑みだった。

「私に任せなさい」

「ルールはルール、人は人……」。これは番組で使ったナレーションだが、人の気持ちは何かで大きく変わる。「謎のカラスゴリラと住む老人」「在日韓国人青松茂の半生」など、その後、このヘルパーに誘われていくつもの家に分け入ることになる。

ドキュメンタリーを撮っていると、なぜか必ず絶妙なタイミングで何かが起きる。こんな話をすると神秘主義者だと笑われてしまうが、振り返ってみるといつもそうなのだ。

「ドキュメンタリーの神様がいる」

おぼろげにそう思うようになったのは、この頃からだろうか。しかし、「ドキュメンタリーの神様」と言葉にするのは、もう少し先のことだ。

『村と戦争』（一九九五）

東海テレビ岐阜支局

「賞に浸ってる暇はないぞ。次をやれ！」

その年、『はたらいて はたらいて』は、いくつかの賞に選ばれた。しかし、受賞の喜びに浸るどころか、むしろ、心の中で不安の穴が広がっていくのを私は感じていた。

振り出しが記者ではなかった私は、ドキュメンタリーはもちろん、ニュースの取材方法も自己流のまま九年が過ぎていた。このままでやっていけるのだろうか。

東海テレビは、記者・ディレクターには育成コースがあった。遊軍を一年ほどやった後、警察の記者クラブで事件・事故を守備範囲とし、夜討ち朝駆けで守秘義務のある人々への接触の仕方を体得する。その後、愛知県庁、名古屋市役所で地方政治をウォッチングし、権力との距離感を構築する。そうして、岐阜・三重・岡崎の主要三支局のどこかで駐在記者として二年勤め、地域の暮らしをつぶさに見るという流れだ。

次作にかかれという上司に、私は支局行きを志願した。警察も県庁もある岐阜駐在で一から取材の基礎を学びたいと思ったからだ。

『村と戦争』（1995年３月放送）

戦後50周年という節目。岐阜県東白川村で、村の古老たちが、各家庭に保管されている戦時品の収集を始めようとしていた。村の小高い丘に石倉を移築し、平和祈念館を作り、遺品を収めようという運動だ。この収集活動に密着し、戦時品それぞれの物語を取材し、人口3000人の村がどのように戦争に巻き込まれたのか、そして、時を経てもなお傷痕を残す戦争をドキュメントした。

〈日本民間放送連盟賞、放送文化基金賞、ギャラクシー賞〉

ナレーション：杉浦直樹／プロデューサー、ディレクター：阿武野勝彦
撮影：岩井彰彦／編集：山本哲二／効果：森哲弘／VE：安藤進／TK：片岡智子

東海テレビ岐阜支局は当時、記者一人、カメラマン二人、飛騨の高山に契約カメラマンが一人という陣容で二十四時間三百六十五日、事件・事故から裁判、行政、選挙、街ネタまでこなしていた。長良川沿いに古家を借り、家族四人どっぷり地域に浸かりながら、県内九十九市町村すべてでニュースを作るという目標を立てて地方記者の暮らしを始めた。

そうして、岐阜で迎えた二度目の夏、家族旅行

で立ち寄った山里で、そのドキュメンタリーの種が待っていた。

狩猟型から農耕型へ

岐阜県加茂郡東白川村。白川茶とツチノコで知られる美しい山里。人口は当時三〇〇〇人。白川沿いの地元の物産販売所。妻と子どもたちは、ヒノキの玩具や農産物を見ていたが、私は、レジの横にあったハードカバーの書籍から離れられなくなっていた。パラフィン紙で包まれた本をそっと開く。捲っても捲っても、兵隊さんの写真とその戦歴の連続。背表紙には金色で『平和への礎《いしずえ》』。

真珠湾攻撃飛行兵、戦艦大和乗組員、ガダルカナル戦死者、そして満州開拓団員……。これがすべて、この村の住人だったのだ。この小さな山里に、戦争がぎっしり詰まっていた。時は、一九九三年。間もなく、戦後五十年という節目の年がやってくる。

「どこへ戻りたい？」

岐阜駐在の間に、本社の報道局の中に、広報番組とドキュメンタリーを担当する部署が新設されていた。報道部に戻ればニュース担当で警察か行政の記者になる。報道番組部を選択すればドキュメンタリーが続けられる。人事異動の直前、上司からの電話に、私は山里で出会った題材に取り組みたいと伝えた。

名古屋に戻り、山間《やまあい》の村へ取材に通う日々が始まる。相棒は、二期下の岩井彰彦カメラマン。若いがファインダーの内外がよく見えていて、美的センスに優れていた。

山里では、帰還軍人を中心に「戦時資料館準備委員会」が組織され、村の家々に残されている戦争関連の品々を集めて常設展示場を作ろうと動き始めていた。私たちは、『平和への礎』を種本にして、集まってくる遺品の取材を開始した。

しかし、村人は取材にあまり協力的ではなかった。他局が、ツチノコの存在を信じている村人たちを、情報番組で笑いものにしたとばっちりだった。

「取材」とは、「材料」を「取る」と書くが、この頃、獲物を鉄砲でパーンと撃つような取材の仕方が自分には合わないと思い始めていた。種を植え、水をやり、下草を刈り、お天道様に祈り、そうして収穫を迎える。「狩猟型」から「農耕型」への転換。ゆっくり土に馴染んでいくような仕事がしていきたいと思っていた。

田口圭二さんに出会ったのは、そんな時だった。圭二さんは夫婦二人暮らしで、村の小さな種苗屋さんだった。

寒い冬。訪ねると家の中でジャンパーを着込んでコタツにあたっていた。圭二さんは寡黙だった。

「ちょっとお聞きしていいですか」

川端康成を連想させるようなギョロ目が動く……。

「どんなお兄さんでしたか」

あまりの静けさ……。家の中で、カメラの中でビデオテープが回るローディング音が聞こえる。学徒兵として召集され、特攻に散った兄について質問したのだが、答えはない。ひたすら返事を待ち、カメラの音を心の中で数えてみたりして耐えていた。しかし、奥さんが少女のような笑い声を発するだけで、圭二さんからは一言も戻ってこない。後ろで岩井カメラマンが小声でつぶやいた。

「イッちゃってるんじゃないの……」

確かに長い沈黙だったが、拒絶ではないと私は思った。それは、家の柱に貼ってあるいくつもの短冊を見て直感したからだ。書かれていたのは、種田山頭火の俳句だった。孤独と放浪の俳人に共鳴する圭二さんの人と人の距離。それは、決して近くはないはずだった。

「きょうは、これで失礼します」

機材を撤収する間、カメラマンはその日の撮れ高にイラつくこともあるし、とはいえ、取材相手を慮らなきゃならないし、こういう時のディレクターのバツの悪さはたまらない。

「どうも、突然に、えー、すみませんでした」

圭二さんは、玄関先まで見送りに出てくれた。別れ際に、振り返って言ってみた。

「『雨ふるふるさとははだしで歩く』というのもありましたね。ボクも好きです、山頭火」

ギョロ目が輝き、圭二さんの口が開いた。

「まっ……。まっ、また来てください」

圭二さんは、その頃、村人とはほとんど話さなかった。私たちは、貝のようなその人の家に幾度も分け入った。

「ホント。鳴くまで待とうやねぇ……」

その後、「村のディレクター」と呼ぶほど力強い取材協力者になってくれた役場の桂川憲生さんは、私たちの取材を、そう評した。

小さな村に詰まった戦争

圭二さんは、苦い秘密を抱えていた。村の老人会報に載せた川柳が激しい怒りを買い、匿名の投書で攻撃されていたのだ。

「戦記みて まるで勲章の展示会」

「戦記」とは、ハードカバーの『平和への礎』のことで、編纂メンバーや元軍人にとっては、鎮魂の書だった。しかし、この平和な時代に戦歴と勲位に何の意味があるのか、兄を奪った戦争が憎くてたまらない圭二さんは、それを川柳にしたのだった。

ある日、圭二さんは、その投書を私の目の前に突き出した。

「御霊に対する侮辱だ。兄上が天で哭《な》いている、その声が聞こえないのか」

圭二さんを激しく指弾する文面に、胸が苦しくなった。そして、しばらく考えた。

どちらが正しくて、どちらが間違っているのか、それを突き詰めるのが私の仕事ではない。そして、無理をすると平穏な山里に取り返しのつかない感情的なシコリを残してしまうかもしれないと思った。ただただ、心を空にして取材を続けようと自分に言い聞かせた。そうして、はっきり見えてきたのは、半世紀という長い時の流れを経ても癒えることのない傷痕だった。今を生きる村人にすら諍《いさか》いを残す、この罪深きもの。それが戦争の正体だった。

圭二さんは、その年の春、一つの歌を残した。

「戦死者の 無数にありし 国に住み 桜満開の その下をゆく」

逸話を積み上げるのには、時間が必要だった。一人一人の村人が胸に秘めて、静かな暮らしを営んでいる。取材とは、時として、当事者の間で凝り固まってしまったものを解きほぐすことなのかもしれない。よそ者である私が、誰かの思いを誰かに媒介し、状況を作り出し、その過程を映像に収め、同時代を語る表現に結びつけていく。メディアの役割とは、そういうものかもしれない。

満州開拓団員として中国東北部に渡った村人たち。元団員の古老二人に同行して黒竜江省の奥地に車を走らせていた。安江久夫さんは、さまざまな役職を担う村の重鎮で、「戦時資料館」を計画したリーダーだった。笹俣俊夫さんは、中国での抑留生活を経て帰国すると、再び人里離れた山奥でもう一度開墾しなくてはならなかった苦労人だ。政治性の真逆な二人だったが、旅が進むにつれて底知れないところでわかり合っていると思い始めていた。

かつて開拓団の井戸があったという場所で、日本から持ってきたお茶とお米を供えて手を合わせた。インタビューのためにカメラをスタンバイしたのだが、荒涼とした大地に先人への思いが錯綜したのか、胸が押し潰されて質問の声が出てこない。久夫さんも、俊夫さんも、みんな泣いていた。

北満の寒々しい農場の深い夜。電灯も点かない真っ暗な部屋。ロウソクを灯し、俊夫さんの抑留の日々を聞いていた。農場の宴席で出たアルコール度数五〇%の白酒《パイチュウ》も手伝って、俊夫さんは感情を絞り出すように話していた。奥の部屋では、久夫さんは昼間の疲れもあって大イビキをかいていた。

「村が分村計画だと言って、満州へ行けって言った。しかし、一年で敗戦。国の償いに抑留して労働をさせられた。無事に帰国したら、また人里離れた山奥にぶち込まれて……。それで、オレをアカだ、アカだと。なんで……」

戦争に翻弄された俊夫さんの運命に私は、震え、落涙した。そして、抑留と帰国後の壮絶な暮らしを語る俊夫さんの語りは終わることなく続いていた。

「ブー。ブゥウ〜」

夜の静寂に響いたのは、放屁だった。久夫さんの大きなノロシ……。

俊夫さんも、久夫さんも、過去にだけ生きてきたわけではない。戦争の悲劇に、感情的に没入していく私の取材を、現実に引き戻すジングルだった。過酷な人生を歩みながらも逞しく生き抜いてきた二人を愛おしいと思った。

村の家々に保管されていた戦争遺品が、山の上の講堂に集められた。その品々を撫でるように移動撮影しながら、ナレーションを書いた。

「さまざまな運命をたどって集まった遺品。クマのぬいぐるみと一緒にオモチャ箱で寝ていたラッパ。子どもたちの戦争ごっこに活躍して房の取れた勲章。戦地から風呂敷替わりをしてきた日の丸。長いこと山仕事のお伴をした水筒。神棚の上で毎日拝まれていた遺書。遺品の向こうに語られなかった逸話が隠れている……」

そうして、戦後五十年の終戦記念日に、「戦時資料館」は「平和祈念館」という名前で開館に漕ぎつけた。

『村と戦争』を放送すると、村の内外から遺品を収めたいという話が役場に舞い込んだ。世代が大きく替わる時で、どう処分していいのか考えている人たちがいたのだろう。逸話を聴き取りつつ、戦争を忘れない活動として何本かのニュース企画でつないだ。

小さな村に詰まった戦争をたどったドキュメンタリーから四半世紀。圭二さんも、久夫さんも、そして俊夫さんも鬼籍に入った。そして、東白川村平和祈念館は、今も村の小高い丘の上で来訪者を待っている。

第11章 組織の中の職人は茨の道

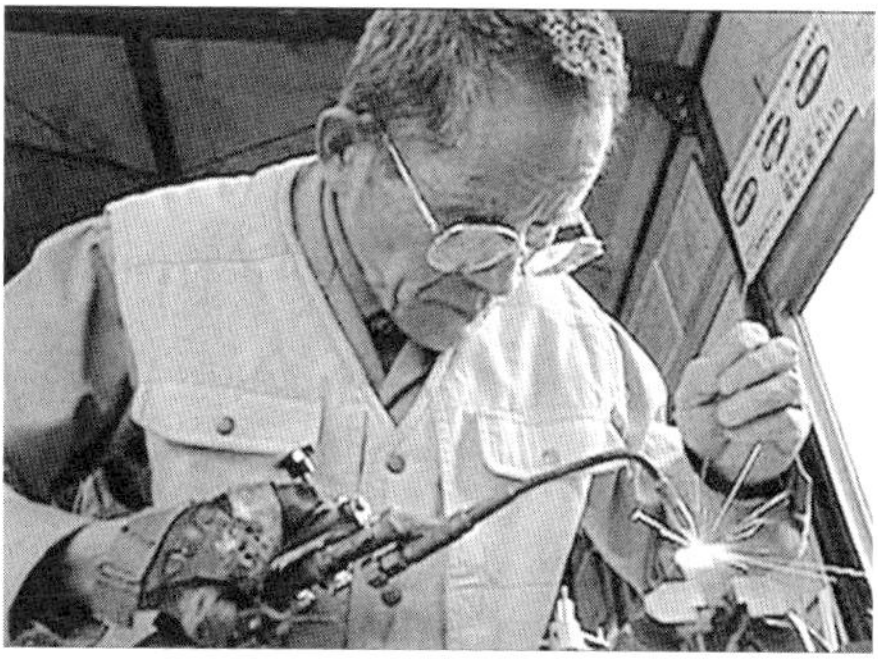

『とうちゃんはエジソン』より

『とうちゃんはエジソン』（二〇〇三）

制作現場への固執

「すまん。一本釣りだったんや」

人事異動を言い渡されたのは、一九九八年の初夏のことだった。何の予兆もなかったが、メディアリテラシーの番組をめぐって報道局長と行き違いがあったことを直感した。アナウンサー、記者、ディレクターと報道畑を歩き、四十歳直前で迎えた初めての大きな転換だった。

営業局業務部。異動先はCMセールスの司令塔、社内や系列局の調整役、そして営業のトラブル処理、と何でも請け負う部署で、お金の流れからテレビ局の仕組みが見渡せる職場だった。

しかし、転属してすぐ気づいたのは、テレビの営業の世界が慣例という悪しき習慣に浸かり切っているということだった。

たとえば「貯金」。業務部が設定したタイムCMの価格を上回って売った時、ほとんどの営業マンは過少に申告する。差額はどうするかというと、広告代理店に「貯金」という

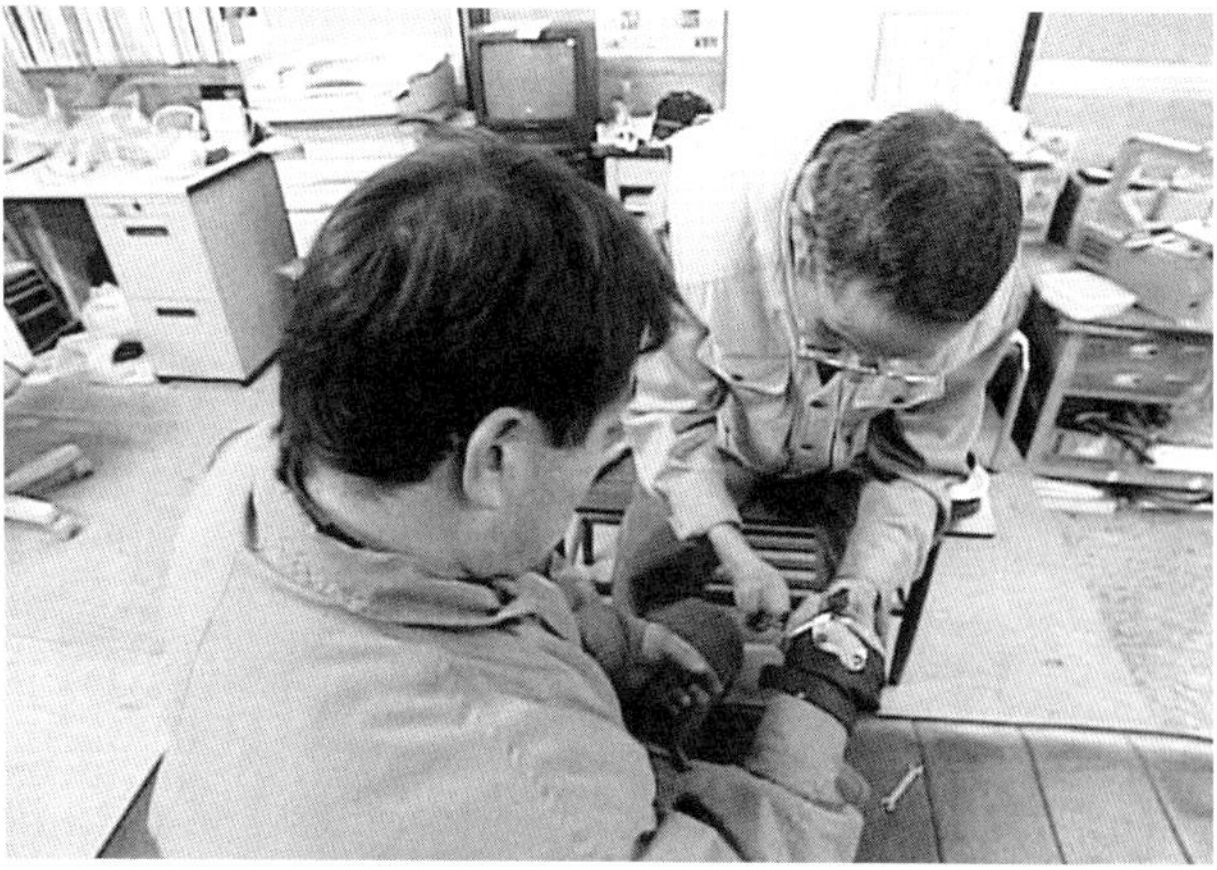

『とうちゃんはエジソン』（2003年５月放送）

愛知県額田町の小さな工場。三河のエジソンこと加藤源重さんが働いている。源重さんは作業事故で右手の指を失った。しかし、自分の箸でご飯を食べたいと自助具を開発。それ以来、障害で困っている人たちのために、さまざまな道具を作るようになった。たとえば、「ホセール」は、片手の人が洗濯物を独りで干せる洗濯ばさみだが、幾度も幾度も改良を重ねている。そして依頼を受けたのが、重度障害の青年のための会話補助具。源重さんの奮闘からこの国のダイバーシティの実相が見える。

〈ギャラクシー賞大賞、FNSドキュメンタリー大賞〉

ナレーション：宮本信子／プロデューサー：阿武野勝彦／ディレクター：伏原健之
撮影：中根芳樹／編集：奥田繁／効果：森哲弘／VE：森村友一

形でプールするのだ。
それを、売れない番組の時に、そのスポンサーに、CMをサービスすると言って運用する。一見、できる営業マンの裁量のようだが、絶対量に限りのあるテレビCMというビジネスで、売れてもいない枠をそんなやり方で埋めてしまうのは、タコが自分の脚を食べてしまうようなものだ。最初に高く売ったことを評価し、売れないタイムCMは、素早くスポットCMにばらして、枠（時間）を有効に使うことが最良だと思うのだ。誰のために、何のためにという原点に戻って、「決定プロセスの明確化」という提案をすることにした。

営業生活も三年、四十歳も過ぎた頃、私は焦っていた。子どもの頃から虚弱体質で、歳をこれ以上とってしまうと体力に不安があるので、ディレクターとして再起動できなくなると思っていたのだ。組織人として営業を歩めば出世は間違いない、と上司に何度も慰留されたが、番組の制作現場への執着がはるかに勝った。

そもそも会社にとって余人をもって代えがたいなどという人間がいるのだろうか。誰がいようといまいと回っていくのが組織だ。「自分がいないと……」という責任感は尊い。しかし、過剰に思い込むのは危険だ。その頃の私は、自分が何をしたいのか、そして会社がそれを許容できるかが大事で、その折り合いの幅を広げられれば、私も組織も豊かになれると考えていた。

プロデューサー一年生

愛知県額田町の山間にある小さな工房。そこに、障害者の自助具を作る加藤源重さんがいる。「三河のエジソン」の異名もあり、知る人ぞ知る発明家だ。しかし、その実像ははっきりしていなかった。報道部の遊軍記者の伏原健之は、その加藤さんを描いてみたいと言った。

伏原は、岡崎支局の営業を振り出しに、制作部、報道部と異動し、三十代の半ばだった。その時、私はディレクター兼プロデューサーとして取材現場に出ていたが、番組制作のあり方に疑問を持っていた。それは、実働するプロデューサーの不在ということだ。東海テレビでは、番組のスタッフロールに「プロデューサー」の欄はあったが、部長名などを載せる慣例で、番組の中身に関わることはなかった。

しかし、テレビを取り巻く状況は大きく変わり、取材環境も社内事情も煩雑になる一方で、私は自分なりのプロデューサーになってみようと考えるようになっていた。

プロデューサーの最初の仕事は、スタッフメイクである。東海テレビでは、ドキュメンタリーの場合、専従スタッフを作っている。この時は、ニュース企画の流れから撮影は中根芳樹カメラマンに声をかけたが、伏原と同じで長尺番組は初めてだった。そこで、編集マンには私と組んで二十年という手練《てだ》れの奥田繁にルーキーたちを支えてもらうことにした。

日本一の編集マン×2

ドキュメンタリー制作において、撮影と編集は車の両輪だ。一方が冴えていても、片方が鈍《なまく》らだったら表現として貫徹できない。『はたらいて　はたらいて』（一九九一）の時から、奥田編集マンは撮影テープの内容をノートに書き起こし、インタビューは一字一句を文字化していた。この作業は、ただの編集オペレーターになってほしくないという私の願いから始まった。奥田はその後、『裁判長のお弁当』『人生フルーツ』など日本一の編集マンとなっていった。

東海テレビには、もう一人、日本一の編集マンがいる。『村と戦争』（一九九五）の山本哲二だが、奥田と山本の仕事のスタイルは、まったく違う。

奥田は、頭の中で整理した映像とディレクターの考えを読み込んで、先回りして物語を編んでいく。ディレクターが後ろでウトウトしていると、

「はい。できました」

と甲高い声で叫び、つながった映像を走らせながら不思議なイントネーションで自前のナレーション原稿を読んでみせたりする。「奥田オートマチック」と私は呼んでいるが、彼と一度組むとディレクターは癖になってしまう。

一方、山本は、ディレクターとギシギシ議論したうえで映像をつなぐ。納得しなければワンカットも編集しないという頑固なところがあるのだが、ディレクターに寄り添うスタイルは、むしろ山本のほうかもしれない。

編集マンは、搬入された撮影済みのテープの中で描くことのできる最高の物語を構築していこうとする。ディレクターは、現場で知覚したことを、たとえ撮影できていなくても盛り込みたいと考える。現実にある映像と茫漠とした観念が、衝突する。この火花が大切

だ。構成とは、この時に飛び散る火花の勢いであり、編集室が熱い鉄の鍛練場のようになった時、作品は骨太で創造的なものになっている。

二人の編集マンが日本一である理由を、私はこう思っている。映像素材への粘り強さと、ディレクターを決して見限らない寛容さだ。こういう編集マンと組むと、ディレクターは表現の幅を広げ、大きく羽ばたいていける。

それにしても、日本一は一人だ。二人いるというのはおかしいと言われそうだが、それほど優れたスタッフがいる、と私は自慢したいのだ。

「モノとココロ」

「三河のエジソン」こと加藤源重さんの右手の指はほとんどない。工場勤めをしていた時、作業事故で落としてしまったのだ。それでも、加藤さんは利き腕に箸を持ってご飯を食べたかった。技術大国ニッポン。自助具を作ってくれるところは、どこかにあるはずだ。だが、どんなに探しても、どこにもない。加藤さんはめげなかった。自分で作り始めたのだ。これがきっかけで、障害を持つ人たちのためにさまざまなものを製作するようになっていく。

たとえば、洗濯ばさみ「ホセール」。片手が不自由な人にとって、洗濯物を持ち、洗濯ばさみを開くということを同時にするのは難儀なことだ。たかが、洗濯物を干すということとだが、毎日毎日の作業で、上手に干せないというのは辛いことだ。加藤さんは、飽くなき探求心で、改良に改良を重ねて、「ホセール二号、三号、四号……」と進化させていく。そうして大量生産に向かない自分用の自助具を求めて加藤さんのもとに多くの人がやってくるようになっていた。スタッフは毎日のように取材に出かけ、加藤さんの向こう側に技術大国の痩せた実像を捉え始めていた。

「加藤さんの右手をアップで映し出してほしい」。これは、取材スタッフに言った私の要望だ。障害を過度に晒そうという意図ではない。加藤さんの見えざる右手こそ、創造の源だと思ったからだ。

しかし、それはテレビではタブーのように思われていた。確かに加藤さんの手を、初めて見た時はギョッとした。掌の半分が失われてしまっていて、痛々しい。

その頃、スタッフによく話していたことがある。「モノとココロ」というテーマだ。モノはそこにあるだけでは、ただの物体だ。しかし、モノに人々のココロのエピソードを描き込むと、ただの物体ではなく温もりを感じる物語が乗り移る。加藤さんの右手はモノではないが、制作者が込める気持ち次第で、見え方は豊潤なものになる。番組が進んでいくうちに、加藤さんの手は、かわいいクロワッサンのように見えてくるはずなのだ。

大事なスタッフは、どこにいるか

「わたし、信子……」

『とうちゃんはエジソン』は、加藤さんの奥さん、加藤信子さんの一人称の語りで進めることにした。ナレーターをお願いしたのは、女優・宮本信子さん。主人公の奥さんと同じ名前「信子」さんだ。

「わたし、信子……」。

しかし、カメラを向けると恥ずかしいと逃げてしまう奥さんを一人称のナレーションにして番組ができるだろうか……。かなり無理な展開かもしれないが、撮れている信子さんの映像に注目する。たとえば、工場の窓越しの外。彼女が花壇に水をやっているカットがある。「花に水。人に愛……」。そんなナレーションをつけると、何とも温かい妻の視線が工場の中に注がれるではないか。

ナレーション録音の日。宮本信子さんに、名古屋弁イントネーションが交じった。名古屋の高校の出身だし、お国言葉が出るのは自然なことだ。大女優に発音のダメ出しをするのは、気が引ける。しかし……。

「このまま放送したら、宮本さんが恥をかくことになる。やり直してもらおう」

副調整室でディレクターと短いやりとりをして、思い切ってトークバックを押し、イントネーションの正誤を伝えた。

この番組以来、宮本信子さんは、どんなに忙しくても、私たちの作品に参加してくれる人となった。ずいぶん時間が経って、信子さんがその日のことを話してくれた。ナレーションの録り直しに迷っている私たちの様子を、担当のマネージャーが後ろで見ていたのだ。信子さんはマネージャーに一部始終を伝えられて、「そういう気持ちでいてくれるんだと思ったわ」と話してくれた。このことを聞いた時、私の前にも後ろにも、大切なスタッフがいて、自分は守られていると胸が熱くなった。

『黒いダイヤ』(二〇〇五)

漁場を追われる漁師たち

師走も押し詰まると、特大のダンボール箱が手元に届く。差出人は、大崎正明。伊勢湾を望む愛知県美浜町の漁師だ。封を開くと、海の匂いが漂い、あの頃の記憶が甦る。

「墓場まで持っていくんだったんだけどね」

苦笑いしながら、大崎組合長は日記帳を開いた。そこには、空港建設についての激しい補償交渉が事細かに記されていた。

二〇〇四年、愛知県は万博開催を翌年に控え、お祭りムードだった。名古屋市郊外の丘陵には各国のパビリオンの建設が進み、テレビ局も競って特設スタジオを作っていた。そして、目を伊勢湾に転じると、新しい空港がオープンに向けて最終段階に入っていた。

『**黒いダイヤ**』（2005年4月放送）

セントレア・中部新空港建設の対岸。愛知県美浜町で海苔漁を営む人々がいる。野間漁業協同組合は、最後まで伊勢湾の埋め立てに反対していた。その中心が大崎正明組合長だった。埋め立て合意の調印をしたその日、彼は男泣きした。その涙の意味は……。大規模公共工事の反対側で、豊饒の海と呼ばれる伊勢湾を守ろうと闘った漁師たちの姿を記録した。

〈日本民間放送連盟賞〉

ナレーション：石倉三郎／プロデューサー・ディレクター：阿武野勝彦
撮影：村田敦崇／編集：西野博／効果：森哲弘／VE：櫻井祐介
TK：須田麻記子

　中部国際空港。埋め立てて作られた人工島には、管制塔の姿が見え始めていた。豊饒の海とも言われる伊勢湾だが、冬は時折激しく荒れる。潮風が顔を叩き、車を浜辺に停めておくと、ガラス窓が、みるみる塩で真っ白になってしまう。

　愛知県美浜町上野間。漁師たちは、空港島の対岸で海苔の収穫に追われている。沖で漁船のエンジン音が響く。海苔網を持ち上げてその下に船体を入れながらドラム式の摘み取り機を回す、通称〝潜り船〟だ。飛び散る潮吹とちぎれた海苔を全身に浴び続けているが、漁師夫婦はものともしない。

『黒いダイヤ』（二〇〇五）は、空港建設によって豊かな漁場を奪われる漁師たちのドキュメンタリーだ。

野間漁業協同組合と空港建設についての番組は、それまでに、『恵みの海～新空港とノリ漁民～』（一九九八）、『新空港がやってきた』（二〇〇〇）の二作があった。二人のディレクターが伊勢湾に足繁く通っていた。これらの番組に私は全く関わっていない。別の番組をやっていたり、営業局に飛ばされていたからだ。しかし、開港が近づくと新任の局長が、新空港に取り組んでほしいと私に言った。

自分の企画があるから、別のスタッフを組んでほしいと断ったのだが、局長は執拗だった。居酒屋に幾度も誘われ、空港と漁協についての熱弁を聞き続けた。局長になる前に前作の面倒を見たということもあったが、万博のお祭りムード一色ではなく、地域の人々が今を生きる姿をちゃんと記録して、放送すべきだと言った。私は、熱意に根負けした。最後は、「業務命令ですか」と苦笑しながら問う私に、局長は小さく頷いた。

制作者は作品の助演

前作の出来は決してよいものではなかった。漁業や漁師に関心があるのかないのか、心を動かされる何かがあったのかなかったのか、制作者の姿が見えないのだ。

ドキュメンタリーとは、何か。十人十色の定義があるだろうが、「カメラを持って現実世界に働きかけ、映像化した一断面」だと、私は思っていた。だから、現実に働きかけるという能動的な行為をする制作者の姿は、否応なく作品の中に透けて見えてしまうものだ。言い換えるなら、取材対象が主演なら制作者は助演なのかもしれない。しかし前作では、主人公は映っているが、主演の輪郭を浮き彫りにする役目の助演が不在だったのだ。

ただカメラは、漁協の内側に入っての映像化に成功していた。象徴的なのは、空港交渉の最終局面、愛知県との合意書に署名したそのすぐあとの様子が撮れていた。組合長が控え室で男泣きするのだ。赤銅色に日焼けした顔の、その皺がさらに深く歪む。それをカメラは捉えていた。

しかし、「助演」の不在で、その表情の意味が伝わってこない。ただ、男泣きする組合長。同僚の作業なので、取材対象を素っ裸にしてただただ晒してしまったような申し訳ない気持ちになった。そして、この時の組合長の涙の意味を知りたいと、私は思った。

海苔漁師を知ること

夏の終わり。知多半島西岸の浜に、海苔粗朶《そだ》がきれいに並ぶ。準備万端のようだが、水温が二十三度まで下がらないと海苔網は入れられない。台風を睨みながら、海に招かれるまで漁師たちは、漁協の廊下に集まって喋り続ける。私は前作のカメラマン村田敦崇と、海の男たちの輪の中に入っていった。

「一番機が空港に降りる日まで取材させてください」

一拍あって、大爆笑が起きた。

「ええよ。ええけどよ。あはは……。これまでのディレクターはみんな飛ばされたでしょ。ボクらに関わると、あんたも飛ぶよっ」

組合長の話に、また大爆笑が廊下に響いた。

国策に抗う漁協を取材したことで、前任者が処分された……。そういう物語が出来上がっていた。確かに番組放送の後、一人は退職、もう一人も報道から転出したが、空港問題が理由ではない。しかし、野暮な訂正は、この人たちに通用しない。

「ボクはもう先に飛んで、戻ってきたところですから、大丈夫です」

漁師たちは顔を見合わせ、また笑った。

海苔とは何か、海苔漁師とはどういう人たちか、それを知ることから始めようと思った。彼らの大切なモノを理解できずに、守ろうとしたものの意味などわかるはずがないのだ。

たとえば、海苔の仕事は夏の終わりに始まる。風車のように網を回しながら、牡蠣殻《かきがら》で育てた胞子を網に付け、顕微鏡でタネの付き具合を検査する。タネが付きすぎれば、腐れが出るし、足りなければ、思うように海苔は育たない。それも、その年の海のご機嫌次第だ。網は冷凍保存して、見計らって海に出す。

漁場は、「浜」と「沖」の二種類ある。浜の粗朶に引っかける網と、沖の浮動網だ。潮の満ち干、海の動静、そして、海苔の育ち具合を見て収穫の船を出すが、時間は明け方だったり、夜だったりする。そうして刈り取ってきた生海苔を、自宅の工場で板海苔に加工していく。海苔の作業を見ていると、魚を追う漁師と違って、海という田んぼで働く農家のようだ。ただ、板っこ一枚、その下は地獄……。船から落ちると命の保障がない危険と隣り合わせだ。

満ち潮の日。高下駄を履いての収穫作業を、海に潜って撮影していた。酷寒の海、村田カメラマンの唇は紫色になった。ドライスーツを装着していたが血の気は引き、ガタガタ歯の音が聞こえるほど震えていた。少し離れたところで摘み取りをしていた近藤松枝さんが、風呂を沸かしてあるから後で入りにおいでと声を掛けてくれた。取材を極端に嫌がって、カメラを向けると本気で怒鳴るのだが、実は底抜けに優しい。風呂場には、じいちゃんのデカパンとステテコまで用意してくれていた……。

近藤さん夫婦には早逝した息子さんがいた。年格好が一緒の私を見ていると息子のことを思い出す。私たちを近づけたくなかったその訳を聞いた時、涙が止まらなかった。

組合長の男泣き

大崎正明組合長は、四十九歳の若さで漁協のリーダーとなった。激しい補償交渉を乗り切れるのは、体力と決断力、そして銀行員の経験もある彼しかないと古老たちが見越していた。空港交渉は、漁師にとって漁業権を放棄すること。それは、無理矢理、補償金で漁場を買い取られてしまうということだった。

人間にとって最も不幸なことは、何ものにも代えられない大切なものを力ずくで奪い取られることだ。大崎組合長は主張を曲げず、愛知県漁連を離脱して単独で交渉を続けた。しかし、ゴネ得でも、政治性の問題でもなかった。

取材が進むにつれて、交渉が佳境だった時の舞台裏が聞けるようになっていた。大崎組合長は、その年の海苔漁を全てやめていた。漁師としての収入をなげうって漁協の仕事に専念するためだった。だからこの年、自分の海苔は一枚もなかった。毎冬、知人たちが楽しみにしている海苔だ。暮れの挨拶が贈れないと思案していると、海苔箱が二つ届いた。先輩格の漁師からだった。その話を大崎組合長は、最後まで語ることができない。溢れる感情が言葉を押し潰してしまうからだ。謎だった組合長の男泣きを、その時、少しわかったような気がした。

国策とは、実に理不尽を伴うものだ。そして言い出したら最後、何が何でも奪い取ろうとする、それが権力の正体だ。しかし、一人の表現者として耳を澄ませば、魂の物語に出会えると、『黒いダイヤ』の人々は教えてくれた。

大崎正明は、組合長を勇退し、県漁連の役員もやめ、勲章をもらうような歳になったが、お国に盾ついたと思われたためだろうか、叙勲の報はいっこうに入らないという。

「ボクは、組合員のみんなに感謝状をもらったで、いいの。そのほうがよっぽど嬉しい」。大崎はそう言って笑う。

年末になると届く海苔の箱。毎年スタッフが待っている冬の味覚。きょうも妻の登志子さんと海に出る元気な大崎を思い浮かべている。

『約束～日本一のダムが奪うもの～』(二〇〇七)

旧村民の取材拒否

わが家の飾り棚。父の遺影の脇に小さな桐の箱がある。中には茶杓《ちやしやく》が一本。番組の放送が終わったある日、手渡されたものだ。山奥の自宅の囲炉裏端で長年燻された竹、その竹から削り出した茶杓だ、と言っていた。

『約束～日本一のダムが奪うもの～』（2007年２月放送）

人間にとってふるさととは、土地とは……。貯水量日本一の徳山ダムは岐阜県揖斐郡の旧徳山村で建設が進んでいた。全村移転させたダム工事を、怒りをもって見つめる村人たちがいた。その一人、細尾重明さんは、かつて村の総務課長としてダム建設推進の旗を振った。しかし、国、岐阜県、水資源機構が一体になって、付け替え道路の約束を反故にしたことが許せなかった。二度ふるさとを失うことを余儀なくされる村人と、水没を免れた地区に住み続ける人々の絶ちがたい思いを記録した。

〈「地方の時代」映像祭グランプリ、日本民間放送連盟賞、ギャラクシー賞〉

ナレーション：小西美帆／プロデューサー・ディレクター：阿武野勝彦
取材：鈴木祐司／撮影：塩屋久夫／編集：山本哲二／VE：川田隆志
効果：森哲弘／音楽：間宮芳生／車両：田上智／TK：河合舞

「おじいさんたちが怒ってます。理由はよくわかりませんが、取材をさせてくれません」

鈴木祐司ディレクターが現地からしてきた電話は、そんな内容だった。

岐阜県揖斐《いび》郡揖斐川町。名古屋から高速道路を使っても二時間はかかる西美濃の、怒れるじい様たちが住む町だ。その町からさらに一時間ほど急峻な峠道を行くと、旧徳山村がある。

二〇〇六年春。地鳴りを上げて走る怪物の往来。脇に退くが、すれ違いざま、崖下に弾き飛ばされそうな恐怖を感じる。大型ダンプが激しく行き来する中を、私たちは数えきれないほどこの山道を往復した。

完成すれば貯水量日本一となる徳山ダムの建設は、最終段階にあった。その年の秋に、試験的に水を貯め始めることが決まり、かつての集落のほとんどがダム湖の底に沈む日が近づいていた。

ダムにふるさとが沈む瞬間を、旧村民が、どのように迎えるのか、その時、その場に立ち合いたいと思った。ノスタルジックになるのか、それともまったく別の感情なのか……。国策と村人。ダムとふるさと。村人たちのように何かを失ったことのない私には、想像できないことだった。しかし旧村民の、最初の反応は、思いもよらぬ怒りと取材拒否だった。

会社に帰ってきた鈴木ディレクターに詳しく聞き取ると、そのなかに「東海テレビに裏切られた」という声があった。地域に生きるテレビ局としては、由々しき物言いだと思った。

ドキュメンタリーの世界に名伯楽がいない理由

東海テレビは、『浮いてまう〜岐阜県徳山村への愛惜〜』（一九七七）、『わが故郷は消えても』（一九八二）、『消える村』（一九八五）など徳山ダムに関連する番組を連作してきた。村の様子を写真で記録していた「カメラばあちゃん」こと増山たづ子さんを中心に、ダム建設に揺れる村人の心情を描いた作品群である。これらの番組は、「地方の時代」映像祭グランプリなど高い評価を受けたが、取材は一九八七年の閉村式を境に退潮していった。

その後の番組としては、遅々として進まないダム建設にふるさとに舞い戻ってくる旧村民の思慕を描いた『花咲く春を夢に見て』（一九九七）という一作品だけだった。

一人のディレクターが長く取材対象に入り込むと、それを継ぐのは容易ではない。前任者にとっては、いつまでも「オレの現場」であり、後輩は直接引き継いでもらえない限り、その現場を荒らしてはいけないと遠慮するものだ。

徳山ダムについては、まさにそれだった。私も徳山を取材エリアにする岐阜駐在記者だったが、先輩に武勇伝を夜な夜な聞かされていたため、本気になればその先輩が取り組むものだと手を出さずにいた。

番組と制作者。テレビ局という集団を見渡してみると、制作者はある程度の年齢になると、後進の指導と育成が求められるようになる。だが、職人という視線から見ると、制作者として生き残っていくためには、後輩を上手に育て、そして、上手に潰さなくてはならない。手《て》練《だ》れのディレクターが、数人いれば事足りる組織なら、この二律背反の泥沼に制作者は苦しむことになる。「人を育てろ」などと簡単に言うが、組織の中にいる職人は、茨の道なのだ。テレビにしろ映画にしろ、ドキュメンタリーの世界に名伯楽といわれるような人がいない理由は、私はこれに尽きると思っている。

ふるさとを二度失う

徳山のじい様たちは、何に怒っているのか。私は、それを知ろうと現場へ向かった。そこにいたのが、体格のいい古老、リーダー格の細尾重明さん。東海テレビを裏切り者呼ばわりしたのは、この人だった。重明さんは、かつて徳山村の総務課長だった。村の責任者として、ダム建設推進の立場で村人たちをまとめ、ダムに村を沈める歴史的な役割を演じた人だった。その人が、岐阜県、水資源機構、国土交通省に対して激しく怒っていた。

「約束を守れって言っているだけだ！」

公共補償協定という契約が、徳山村と旧水資源開発公団との間にあった。その契約の中に、水没する村道、林道などを再整備するという項目があった。これは、行政改革で名前は変わったが、水資源機構に引き継がれていた。つまり、ダムが完成しても、山がすべて水没するわけではなく、村人たちの山林は、なお残る。その山々の土地を周回する道路を造るという約束が交わされていたのである。

しかし、家屋を明け渡し、村を閉じて隣村に合併吸収されると、旧村民のあずかり知らぬところで道路整備を放棄することが合併先の村議会で議決されていた。その村も、平成の大合併のさなか、また別の町に吸収されて名前を消した。巨額の道路建設費を削るため、ドサクサのなかで、約束を反故《ほご》にする悪知恵が絞られていたのだ。そうして村人たちの山は、ただそこにある、二度と行けない場所となった。

ふるさとを二度失うという事態。旧村民は約束を守れと何年も声を上げてきたが、手続き論を盾に誰も取り合わなかった。あんなに取材に通ってくれた東海テレビも……。そして、村が本当に沈む最後の最後の時に、じい様たちは、ダムの前で座り込み、約束の履行を迫る実力行使に出ると表明したのだった。

周辺取材をしていくと、町に移転したお年寄りたちの実態に驚愕した。自死が頻繁に起きていたのだ。自己責任などと言い放つ今、どう受け取られるかわからないが、先祖代々からつながる、それこそ垣根すらない村の暮らしから、塀に囲まれた町の生活への変化が、彼らの生きる力を奪ったのだ。豊かさとは何か、人間とは何か、そして、ふるさととは何かに立ちすくんだ。

そうして、じい様たちの怒りが私に乗り移っていった。国策のために犠牲になった村人をさらに騙すなど言語道断、かつての関係者から証言を探す旅が続いた。

最後のレジスタンス

徳山村の空は高い、そして、何とも言えない清涼感が漂う。私たちは怒れるじい様たちとは別に、同時並行で旧村民の取材をしていた。ダムに水没しない集落の話だ。

村人たちは二〇〇一年までに離村したが、門入《かどにゅう》という一つの集落だけは標高が高く、家屋が水没することはなかった。ただ、村道もなくなり、まさに陸の孤島になることを余儀なくされるため、ふるさとを捨てざるを得なかった。村人たちは町へ移り住んだのだが、春になると舞い戻ってくる人々が出始めていた。

その一人が、『花咲く春を夢に見て』に描かれていた今井義行さんだった。二匹の犬と蜂を飼って住んでいた義行さんの小屋に、私たちは泊まり込んで、澄んだ空気を胸一杯に取材を続けた。

義行さんは亡くなった妻トモエさんとの暮らしを、誰もいなくなった村でリフレインしているように見えた。トモエさんについて聞くのだが、恥ずかしがって写真すら見せてくれない。夏の夜、囲炉裏端で少し酒を呑んだ義行さんが、ビデオ付きテレビを指さして言った。

「う、うごいてるの、あるんよ」

「ビデオあるの？　トモエさんの……」

「あ、ああ。見たいんか……」

山里の純愛物語の動画があることに、私は小躍りした。

「ずっと言ってるじゃないですか。見せてくださいよ」

義行さんが出したVHSテープをサッと、かっさらうように奪い、テレビデオに投入した。

ザ〜ザ〜。砂の嵐……。幾日も、幾度も、はぐらかされてきた愛妻物語。スタッフみんな、小さなブラウン管を見つめた。

「ア〜……」

陸の孤島のしじまに……。ア、アダルト……。

「かついだんですね！」

純愛どころじゃない。私は、本気で怒った。気圧されたのか、義行さんは、ごちょごちょ言いながら、

「あ、あんたも持ってるか……、こういうの」

「……んっ。少なからず……」


ダムの湛水を強行されて、怒れるじい様たちが、徳山人としての誇りをかけた闘いとして裁判を思案するなかで、義行さんが山を下りないとダムの稼働が滞るという切羽詰まった事態が起きていた。道が水没すると、義行さんは山を下りられなくなる。ダムが、山奥に人を孤立させせたという批判は必至だ。水資源機構の説得は執拗だった。義行さんと二匹の犬と蜜蜂たち……。

図らずも最後のレジスタンスとなった古老と私たち取材班は、まるで立てこもっているかのように、ダムの最上流部にいた。そして、国策の為せる所業を身をもって体験するの

だった。ダムは過疎に忍び寄る、一度睨まれたら逃げようがない、その結末……。

冒頭の燻り竹の茶杓。その桐箱に、箱書きの文字がある。判読できず、手渡された時に尋ねた。

「相棒その一と書いたんだよ」

と重明さんは笑った。

重明さんの手元に、「相棒その二」があり、いつか、両家の子孫の誰かが、この文字を頼りに、「相棒」を探す旅に出て、我々のことを偲《しの》ぶなんてことがあったらいいなあ、と言った。取材当初は「裏切られた」と怒っていた重明さん。茶杓は、私の何よりの勲章だと思った。

番組作りに迷った時、飾り棚の茶杓を触る。箱を開けると、背筋がスッと伸びて、勇気が充満してくる。

『母の絵日記』(二〇一〇)

タコ社長とフーテンの寅

「何も知らんくせに、聞き捨てならん！」

名古屋の下町の居酒屋。古畳が暴れる。ゴソゴソ、ザッザッザッ……。楽しい壮行会だったのに、摑み合いが始まった。間に入って止めようと、スタッフが総立ちになっていた。摑み合いは、吉野健ディレクターと私だ。ビール程度なら何ともないが、吉野は酒が進むと人が変わる。黙り込んだかと思うと目つきが変わり、暴言を吐く。やり過ごすつもりだったが、この時は、こちらも発火した。何の脈絡もなく番組に絡んで私のスタッフの人格を否定したのだ。

リングはスッポン鍋を出す古い日本家屋だった。ちゃぶ台はあるし、柱は飴色だし、土間まである。どこかで見たような和室だ。そう、暴れる寅さんに、口を尖らせて摑みかかるタコ社長。周りに、さくらも、博も、それに蛾次郎さんの源ちゃんまでいる。これじゃあ、まるで『男はつらいよ』のワンシーンだ。

『母の絵日記』(二〇一〇)は、私が関わった数少ないスポーツ・ドキュメンタリーだ。

『母の絵日記』（2010年5月放送）

雪は、融けて水になる。親と子は、いつから親子になるのだろう……。幼い頃に両親は離婚、引き取った父もすぐに死去。伯母夫婦にわが子として育てられ、スキーヤーとして羽ばたこうとしていた時、バイク事故で片脚を失ってしまった。しかし、新たな目標を見つけ、クロスカントリーに復帰し、2010年、バンクーバー・パラリンピックに出場する。息子の成長と養母が描き続けた絵日記を重ねながら、家族の道程を描く。

〈ギャラクシー賞〉

ナレーション：吉岡秀隆／プロデューサー：阿武野勝彦／ディレクター：吉野健
撮影：田中聖介／編集：高見順／効果：久保田吉根／音楽：村井秀清
音楽プロデューサー：岡田こずえ／VE：佐藤達也／TK：片岡智子

地元の中京大学スキー部出身の選手が、パラリンピックを目指している。その選手を吉野ディレクターは追いかけていた。スポーツ局と報道局は別々だったが、その時、たまたま社内の機構改革で合体して報道スポーツ局となり、私がこの番組のプロデューサーをすることになった。

企画のあらましはこんなふうだ。主人公は若きクロスカントリーのスキーヤー。彼は大学二年の春、オートバイ事故で左脚を失った。これからの競技者だったのに不用意な事故が惜しまれた。しかし彼は、雪の上に義足で復帰を果たした。そして、二〇一〇年三月のバンクーバー・パラリンピック出場を目指して汗を流していた。

瀧上賢治さん（二十四歳）。両親は生まれてまもなく離婚。彼を引き取った父親も三歳の時に病死。その後、北海道で暮らす父方の姉、美奈子さんのもとへ。美奈子さん夫婦には、賢治さんより十一歳年上の息子がいたが、兄弟として育てられた。

美奈子さんが書き続けた絵日記があった。はじめは、養子縁組のために家庭裁判所に提出する報告書だった。だから、義務として文章だけだったが、やがてマジックで絵を描くようになり、さらに色鉛筆の美しいイラストとなっていった。色がつき、丁寧になり、克明になっていく。スキーを始めた成長の記録とともに、反抗期には困り果て、本気でぶつかっていく母の心情も綴られている。その日記は、十二年続いた。

賢治さんの左脚は、膝の上まで失われている。大腿切断のクロスカントリー・スキーヤーは、世界で賢治さん一人だけだった。膝の使い方が大事なスキーには、かなり不利な障害なのだ。パラリンピックの監督は、「彼が頑張ることで、義足の開発が飛躍的に進み、脚に障害のある人たちのスポーツの世界が広がる」と話す。まさにフロンティア。そんな賢治さんに地元の自動車部品メーカーが、義足の開発を申し出る。ハイテクで彼を応援しようというのだ。しかし、そこにも未知の世界の試行錯誤がある。

脚の切断事故からバンクーバーまでの四年を追いながら、母と子が、そして家族がどのように結び合ってきたかを描いていく。今の世の中、地域社会が壊れ、家族が孤立し、親子関係は不安の沼の中にあるかのようだ。母が書き続けた絵日記から始めて、バンクーバーの雪の上まで親子の姿を追っていったら、この時代に家族であることの意味を問うものになるかもしれない。

二〇〇九年、寒い冬だった。名古屋発旭川行きの飛行機は、揺れに揺れた。飛行機が苦手な吉野は、酔い止め薬を食べるようにたくさん呑んでいた。旭川に降り立った後のレンタカーの運転は、私の役目になった。凍結した道央自動車道を北上し、北海道のド真ん中の士別市へ向かう。雪原に佇む家で、賢治さんのご両親、敬司さんと美奈子さんが待っていてくれた。副市長を引退したばかりの敬司さんは穏やかな笑顔で、夜は自宅で呑もうと誘ってくれた。家の雰囲気は、燃える暖炉のように温もりが充満していた。

前作『あたたかい雪』（二〇〇八）の時、吉野は、親子の関係に注目していた。しかし、競技第一というスポーツ・ドキュメンタリーの定石から抜け出せず、絵日記で描き切ろうというところまではいかなかった。試合の結果は大事だが、それより大切なことだってある。プロデューサーの役目は、そこを思い切り押してやることだ。

ワンカットの悪夢と奇跡

二〇一〇年三月、取材はカナダへ。通訳もコーディネーターも頼まず、スタッフ四人でバンクーバーを経由して競技会場のウィスラー市に入った。

「タナカさーん。背中流して〜」

バスルームから田中聖介カメラマンを呼ぶ声がうるさい。飛行機に乗るための多量の酔い止め薬が、真夜中のコンドミニアムで暴れていた。

酒癖だの、乗り物酔いだの、余計な面倒のないスタッフで番組は作りたい。しかし、凸凹がある人間だからこそ、その時の思い出が深くなるということもある。確かにいろいろあるが、吉野には取材対象やその家族に分け入っていく特有の力がある。だから、ディレクターとして一皮剝けるきっかけになるならとスタッフを組んだのだ。しかしこの夜、「背中流して〜」は異常に長く続いた。

大会当日。日本から家族も駆けつけ、瀧上選手は気合が入っていた。スキー競技は、体重移動をコントロールする膝が命だ。片膝というハンディは、あまりにも大きい。だが、これまでこの膝で世界と闘ってきたのだ。さて、パラリンピックの大舞台で、花を咲かせることができるだろうか。

横断幕が会場に揺れる。見つめる父、母、兄。号砲一発、スタートを切った。スキーのワックスが合わないのか、滑りが悪いようだ。上り坂で徐々に遅れていく。苦戦だ……。結果は、予選落ち。しかし、闘いを終えた彼は観覧席に向かって高々と手を上げてみせた。

その時、母の目に涙が込み上げていた。雪原に吹く風、清々しさと熱い塊で、私の胸は満たされた。私はオープニングの詩を書いた。

「雪は融けて、やがて水になる。

親と子は、いつから親子になるのだろう」

この日が大会最終日。バンクーバー市にあるオリンピックセンターでは、閉鎖の時間が迫っていた。パラリンピックの競技映像を入手するには、ウィスラー市から一二〇キロ離れたバンクーバーに急がなくてはならない。取材の続くなかを、私は独りメディア用のリムジンバスに向かった。しかし、そこにリムジンの姿はない。

ボランティアに尋ねると、パラリンピックの競技もこの日で終了ということで、午前中でメディア用の運行はなくなったという。そんなバカな。電車は通っていないし、飛行機もない……。バンクーバーに行く方法を尋ねると、路線バスなら教えてくれた。市民ホールでチケットを買いバス停に並べという。

さて、この言語力で、どこまで突っ切れるか。チケット売り場は大混雑、しかも、もうバスの出発時間を過ぎている。「トゥ・バンクーバー」と大声を出してみた。「先にチケットを買わせてあげて」と窓口のお姉さんが叫んでくれた。

雄大な山々を背に、国道九十九号線を南下する。しかし、バスはいろいろな町に立ち寄る。路線バスだから当たり前だが、不安が雪崩のように押し寄せる。停車するたびに運転席に行き、「どこ行きなのか」「何時に着く」「終着はバンクーバーのどこなのか」「オリンピックセンターに近いところで降りたい」「寝ていたら起こしてほしい」。返事はほとんど理解できない。ただ一つわかったのは、「いいから、後ろに座ってくれ」だった。

オリンピックセンターに着いたのは、リミット三十分前。NHKの特設スタジオを訪ねる。ここも撤収作業のドタバタで、私は明らかに迷惑な訪問者だ。しかし、映像を諦めるわけにはいかない。「助けてください」。ヘルプを申し出て、映像検索の窓口まで同行してもらう。

私には、どうしても欲しいカットがあった。それは、白銀の山々を越え競技会場にズームする、ヘリコプターからの映像だ。今朝、テレビ中継に映るそのシーンを見た。だから、絶対にあるはずだ。

「ブルブル、ユーノー……」

ヘリの口真似をし、身振り手振りに、絵も描き、幾度も説明するが、係の白人男性にはわかってもらえない。万事休す、と思ったところに、助っ人が現れた。奥でチラチラ見ていた巨漢のレディだ。

「彼が言っているのは、これでしょ」

映像をパソコンの画面に出して指さした。

「ザッツ・ライト。ジャスト。アメイジング。ウァーオ。サンキュー」

そこからは、競技のリストを出して、次々に映像の確保を完了……。レディが言った。

「まだ、映像はダビングできないわよ。お金を払って、領収書をもらってこないと。もうユーのためだけに特設の銀行窓口は開いているのよ。急いで」

　こうして、私の旅は終わった。たかだか二十秒程度のカットのためにと笑うなかれ。世界の檜舞台、母が見つめるなか、息子がその雄姿を現す。それを飾るオープニングカットは、これ以外あり得ないと思ったのだ。

　この冷汗の連続を誰かに話したかったのだが、スタッフはまだウィスラーだ。仕方なく、脱力した身体を引きずるように今夜の宿まで歩く。そして、ロビーで名前を告げる。

「ミスター、あなたの予約は、明日からですよ」

　目の前が真っ暗になった。海外取材は幾度か経験したが、いつもスッテンコロリンの珍道中になってしまう。しかし、その旅の数だけ道に迷い、道に迷うことで自分を発見してきたような気がする。


　その後、報道局とスポーツ局はまた別れ別れになり、凸凹コンビの仕事は、『母の絵日記』で幕を閉じた。しかし、このスタッフワークがどんな花を咲かせてくれるのか、タコ社長はフーテンの寅の仕事を、遠くから見守っている。

第12章
「わかりやすさ」という病

『おかえり ただいま』より

食事風景と仏壇

中学二年生の夏。布団をかぶって泣いた。サラリーマンの子どもに生まれ変わりたいと本気で念じ、わが身の不幸は世界一だ、死んでしまいたいと腹が捩れるほどジタバタした。次の朝、私は黒い法衣に麻の袈裟を掛け、白い鼻緒の草履《ぞうり》を履いて、街に出た。お盆になると、棚経《たなぎょう》という行事が待っていた。寺の三男は、檀家の家々をお経を上げて回る小坊主にならなければいけないのだ。棚とは、仏壇のことだ。ボーッとしているうちに僧侶の資格を取ることになってしまった私は、もう逃げようのないところに追い込まれていた。

「かっちゃん。本堂へ行こう……」

小学校六年生になったある日、祖母は私を誘って御堂に行くようになった。仏様の前で、ナムナム……。かなりボンヤリしていた私は、祖母の後について素直にお経を上げていた。漢字にフリガナを振った経文に次第に慣れ、難しいお経がリズムで覚えられるようになっていった。謎の呪文を知ることは意外と楽しいもので、不思議な力が身につくように思えた。そして、大きな声でお経を唱えることが、とても気持ちのよいことになっていった。

中学に上がったある日、父が言った。

「千葉の行川《なめがわ》アイランドにフラミンゴ・ショーを見に行こう！」

「ボク、学校あるよ、バスケットもあるし……」

「いいよ。学校は休んでいこう」

ボーッとした少年は言われるままだった。そして、連れて行かれたのは、千葉にある宗門の本山だった。

「じゃ、元気にやってきなさい」

風呂敷包みを持たされて、境内にポーンと押し出され、あれよあれよとお堂へ連れ込まれた。中には、同じような小坊主がわんさかいた。

そうして、二泊三日の修行が始まった。私は、祖母のお蔭でお経が完璧だったし、それこそフラミンゴのような痩せっぽちだったので、正座もなんのその、長時間耐えられた。集団生活に向いていた私は、何の苦労もなく沙弥《しゃみ》という僧侶の一番下の位が取れてしまった。

その数年前、次兄も資格の適齢期だったのだが、ボーッとしていない兄は、家族の策動を察知して上手に逃げ切った。だから、資格を私に取らせるために、父は背水の陣だった。祖母との事前準備も父のプロデュース。そして、資格が取れたら取れたで、檀家回りをするのは当たり前だというのだ。乱暴な理屈に、ボーッとした少年はいとも簡単に引っかかってしまうのだった。

食事風景と仏壇を拝むシーン。これは、私たちのドキュメンタリーの必須アイテムのようになっている。スタッフは、メシとブツダンを撮らなくちゃという強迫観念にすらとらわれているかもしれない。

確かに食事風景と仏壇には、その家、その人の歴史と日常を瞬時に読み込めるヒントが山盛りだ。しかし、私はそのことを強く意識して、食事シーンを撮ってきたわけではない。ただただ、日常に分け入らせていただくと、もれなく食事と仏壇の場面が収められているというだけだった。だから、ご飯を作ってください、仏さんを拝んでくださいなどと取材対象に言ったことは一度もない。

いま、テレビの取材で、人の家に上がり込むのは、かなり難儀なことだ。個人主義とプライバシーの進展で、家の取材を断られるケースが増えているのだ。ただでさえ取材に応えるのが面倒なのに、家まで覗かれるなどとんでもないというのは、当たり前といえば当たり前だ。しかし、そうなればそうなるほど、家の中のシーンは、その人をより端的に表現する大事なものになっていく。

「きょう、家の中に入れてもらいました」

「おー、そうか。よかった。よくやった」

取材者と取材対象者。関係が深まって、ハードルを一つ越えた証のように思えて、嬉しくて、つい褒めてしまう。

私のこれまでの経験を振り返ってみると、意外とすんなり自宅へ上がらせていただいてきた。で、家に入ると、まず何をするか。仏壇へのお参りをお願いしてきた。線香を点け、小さく鉦《かね》を鳴らし、手を合わせてナムナムと唱える。棚の中の花が新しく整っていたりすると、亡くなった方への思いを感じるし、ちょっと荒れていたりすると、取材対象の置かれている日常を思ったりする。私が仏壇の前に座っている間、だいたい家の人は斜め後ろで、同じように手を合わせたりする。その瞬間、取材者として背筋が伸びるというか、シャキッとするような心持ちになる。

家には、それぞれの匂いがある

棚経デビューの年、独り暮らしの老女の家を訪ねた。経を唱え、しばらくすると、後ろから啜《すす》り泣く声。新米小坊主は、お経に集中しようとするが、気になって仕方がない。つっかえつっかえお経を読み終えて、振り向くと……。

「ありがたい。ありがたい……」

小坊主の手を取り、老女は大粒の涙をこぼす。

「和尚さん。私のお友達の家も回ってくれませんか……」

檀家でもない、宗旨・宗派も異なる家を何軒も回ることになった。

家には、それぞれの佇まい、それぞれの匂いがある。小坊主の一年目、私が学んだことだ。

休みもなく、バスケット部で真っ黒になってボールを追っていたのだが、容赦なく棚経の季節は、二年目もやってきた。ちょうど夏の甲子園の季節。開け放たれた玄関の家々から高校野球の実況が聞こえてくる。コンバットマーチ……。

「お寺から来ました～」

返事はない。勝手に入っていく。ランニングにステテコ姿のおじさんが横になって団扇《うちわ》をパタパタさせながら、ブラウン管テレビを観ている。私に気がつくと、

「仏壇、そっち」

顎で、私の行き先を指示する。さて、どうしたものか……。小坊主デビューの年は、一人でお経を上げて帰ったが、二年目になると、少しコツがわかる。私は僧侶、あなたの大切なご先祖様のためにやってきたのです。そう心に言い聞かせて、テレビに負けない大きな声で言う。

「ご、ご先祖様に、お線香を」

「す、すみません」

おじさんはあわてて服を着て、普通の人になった。

もう、お経はそらで覚えているので、経文を持たずに唱えて回る。何軒もこなせたので、ちょっといい気になっていた。訪ねる家々で、麦茶とかカルピスが出て、お腹がチャポチャポだ、なんて思いながら、草履を前に進める。そうして、信心深い家で、事件は起こっ

た。いつまで経っても、お経が終わらない。どうしたのか、わからない。わからないけど、お経が続いてしまって、終わらない。斜め後ろに目をやると、ちょっとヘンな顔をしている。困った。なぜ、終わらないのか……。どこかで、グルグルお経が回っているようだ。原因はわかったが、修正がきかない。仕方がない……。奥の手だ。

「ナンナンナン、ノオーオー」

適当なところで、お経の後ろを丸めた。線香からは煙が、そして私の顔からは火が出た。

父は、お前のお経など、さしてありがたくないのだから、お布施《ふせ》はもらうな、お断りしなさい、それでもくださるというなら、それはありがたくいただきなさいと言っていた。私はどちらかというと経済的に恵まれない地域を回っていたのだが、ある家でいただいたお布施は、百円玉が五つ。チリ紙にくるんだ百円玉は、法衣の袖の中でバラバラになって、歩くとジャラジャラと鳴るのだった。その夜、父はその家の逸話を話してくれた。そして、それは五百円だが、ただの五百円ではないと教えてくれた。父は、高僧のようだった。

家の中は、家族の物語で溢れている。玄関の靴、部屋のポスターや絵画、鴨居の表彰状や家族の遺影、台所の使い込まれた鍋や食器棚、食卓の新聞や雑誌、そして壁の傷、さまざまなものが語りかけてくる。ニュースやドキュメンタリーで、自宅で語る人の言葉に、よりリアリティを感じるのは、そうしたディテールに支えられているからだ。

『おかえり ただいま』（二〇二〇）

大事に取材すること

私たちが制作したドキュメンタリー・ドラマは二つある。先に触れた『約束〜名張毒ぶどう酒事件 死刑囚の生涯〜』と、もう一つは、『おかえり ただいま』である。

『おかえり ただいま』は、名古屋闇サイト事件についての作品なのだが、その制作の発端は、二〇〇九年に放送した『罪と罰〜娘を奪われた母 弟を失った兄 息子を殺された父〜』に遡る。取材をした三人の犯罪被害者遺族の中に、名古屋闇サイト事件の磯谷富美子さんがいた。富美子さんは、その事件で殺害された利恵さんのお母さんだ。

二〇〇七年八月二十四日、名古屋市千種区の路上で、帰宅途中の磯谷利恵さん（三十一歳）が、インターネットの闇サイトで集まった男たち三人に拉致、殺害されて山中に遺棄された。冷酷非道な犯行に、母親の富美子さんは加害者全員の死刑を望んだ。しかし、裁判には「一人の殺害は無期懲役が妥当」という判例があった。街頭に立ち、極刑を求めて三十三万筆を超える署名を集める母。そして、二人が死刑、一人に無期懲役という一審判決が下る。齊藤潤一ディレクターはこの裁判過程で富美子さんの姿を追っていた。そして、

『おかえり　ただいま』（2018年12月『Home～闇サイト事件・娘の贈りもの～』として放送、20年９月ロードショー）

2007年、インターネット上の闇サイトで集まった男３人が女性を拉致して殺害した「名古屋闇サイト殺人事件」。娘を殺害された母は、「１人の殺害では無期懲役が妥当」とする司法に対し、全員の死刑を訴え続けてきた。生前の娘との日常をドラマにし、失った家族の重みを描き、ドキュメンタリーでは事実を淡々と描くことで母の強い思いと司法の乖離をあぶり出す。母・磯谷富美子さん役に斉藤由貴、娘・利恵さん役は佐津川愛美、少女時代は矢崎由紗、祖母役は大空眞弓、恋人役は須賀健太、そのほか天野鎮雄、名古屋・劇座の男優女優。東海テレビドキュメンタリー劇場第13弾

ナレーション：斉藤由貴／プロデューサー：阿武野勝彦／監督・脚本：齊藤潤一
取材：繁澤かおる／助監督：服部綾奈／プロデューサー補：三宅歩
撮影：村田敦崇、坂井洋紀、米野真碁、板谷達男／編集：山本哲二／効果：久保田吉根、柴田勇也／音楽：村井秀清／音楽プロデューサー：岡田こずえ
主題歌：「Home」：Minako “mooki” Obata／VE：西久保雄大、植杉文香
TK：須田麻記子／デスク：河合舞／美術：高宮祐一、中西忠司／宣伝・配給協力：東風

『罪と罰』という番組にして放送した。

しかし齊藤は、「富美子さんが望む番組ではなかった」という思いを抱え続けることになった。それを「胸のつかえ」と言い、「いつか富美子さんに寄り添った作品を制作してお詫びしたい」と考えていた。『おかえり　ただいま』という作品に

至るディレクターの心の内だ。そして、事件が起きる前の母と娘の物語を描き、家族の何気ない日常の大切さを表現したいと考えていた。しかし、利恵さんはすでに亡い。在りし日の家族の姿を甦らせるために、ドラマ化して表現したい。報道部長という過酷な仕事の中で、齊藤は裁判記録を読み直し、富美子さんから聞き取ったことを、丁寧にドラマの台本に盛り込んだ。

富美子さん役は斉藤由貴さん、利恵さん役を佐津川愛美さんにお願いした。齊藤はドラマの演出を中心に、磯谷富美子さんへの取材は、繁澤かおるディレクターが受け持って番組制作を進めていた。

撮影優先主義でなく

そんなとき、NHKが『事件の涙 Human Crossroads ——同じ空を見上げて〝闇サイト事件〟の10年』（二〇一七年十二月二十七日、NHK名古屋制作）を放送した。さまざまな事件を涙というキーワードで振り返っていく企画の一つだが、番組を観ていて、これまでのドキュメンタリーでは感じたことのない気持ちの悪いシーンに遭遇した。それは、磯谷富美子さんの家の中の場面だった。あまりの不快さに、私はNHKと同時期に取材が競合していた繁澤に尋ねた。

「NHKに磯谷さんの部屋が出ていたけど、何かおかしな感じだったね」

「そうなんです」

怒っていても怒っているように感じさせない、繁澤はそういうタイプの人だが、この時は憤慨していることがはっきり感じられた。繁澤と撮影スタッフは、富美子さんの講演会や旅行に同行するなど濃密に取材していた。自宅にお邪魔することもあったが、その時は、カメラなど機材を持たずに行くことにしていた。それは、富美子さんが自宅を映されることについて固辞していることを尊重していただけでなく、カメラや三脚を担いで出入りすることで注目され、ようやく手に入れた平穏な暮らしが乱されないように気を遣っていたのだ。

自宅の取材をしたいが富美子さんの心の内を慮ってできない、そういうスタッフは、外から見ていると好ましさと同時に煮え切らなさを感じるものだ。

繁澤は一度、私に相談に来た。彼女は、家の中の様子が、娘の利恵さんの不在を表現するのに百の言葉より雄弁であることを痛いほど知っていた。殺害された利恵さんは、自分たちの家を持つという母親の夢のために、コツコツ貯金し、犯人たちの脅しにも屈せず、キャッシュカードのウソの暗証番号を教えて、家の購入資金を守り抜いた。富美子さんの家の中は、娘の気持ちで溢れていると感じていたのだ。

「どうして撮影できないか、撮影ができないことを、丹念に描けばいいと思う」

私は、撮影優先主義で押し切る必要はない、富美子さんの思いを別の形で描く方法も考えてみてほしいと言った。最後には『Home』というタイトルにするのだから、やはり家の中の取材は必要不可欠だったのかもしれないが、その時は、一にも二にも無理をするべきではないと思っていた。

NHKのとった制作手法

ではNHKは、なぜ富美子さんの家の中の撮影ができたのか。信頼関係の深度の違いだということなら、それはそれで納得だった。しかし、そうではなかった。番組に映し出されていたのは、富美子さんの家ではなかったのだ。部屋は、ウィークリーマンションのようなところを借り、観葉植物やカレンダーは富美子さんのものを運び込んで撮影したというのだ。もう書いていて、どう説明していいのかわからない。NHKでは、それをセットとは言わないのだろうか。

番組の一部を文字で再現してみる。

団扇を持った笑顔の利恵さんの写真にのせて、富美子さんのインタビュー。

「この笑顔が好き。ものすごくこの笑顔が好きっていうか。本当に幸せっていう雰囲気っていうか……」

窓際に置かれたランなど植栽をパーンアップしながら、カメラは富美子さん本人が台所のシンクで皿を洗う後ろ姿へ。そこにナレーション。

「事件のあと、自宅マンションを購入した。瀧さんにあることを教えられたからだ。おかあさんに家を買ってあげたいと、利恵さんはコツコツお金を貯めていたという」

リビングのテーブルに切り替わり、スーパーのトレイのポテトサラダ、牛肉コロッケの文字、トレイの弁当、割り箸。そしてエコバッグを畳む富美子さんにナレーションがかぶる。

「利恵さんが命をかけて守ったのは、母親のための貯金だった」

「よいしょ。はい、いただきます」

椅子に座る富美子さんの声。手を合わせる。

テーブルの上には、ペットボトルのお茶。富美子さん越しに窓際の植栽とテレビ。

「娘が生きた証に買った自宅。利恵さんの不在が富美子さんを苦しめた」

と、ナレーションがのる。

この映像とコメントの構成で、この部屋が富美子さんの自宅ではないとは誰も思わない。いや、自宅だと思い込むように構築されている。しかし、撮影はロングショットで部屋全体が見渡せるカットがない。生活感のなさがばれてしまうことを、このスタッフは知っているからだろう。そして画面には、「再現」とも「セット」とも、「借りた部屋で撮影していいます」などのエクスキューズの字幕はない。でも本人が出ているんだから、いいのか……。そこが最大の問題だ。NHKは意図的に、富美子さんの家ではない場所を富美子さんの自宅として放送を通じて公にしたのだ。

もう一度、ネット上にある番組を観てみる。すると、サブタイトルに「同じ空を見上げて」に関連する虹とカレンダーのエピソードが、同じ貸し部屋でのインタビューで構成されている。そして、感動的なエンディングも、富美子さんがゴルフ場で見た虹を蛍光ペンでカレンダーに書き入れ、壁に貼るという一連の動きを映し出している。それもこの借りたウィークリーマンションでの再現だった。番組の長さは三十分だが、大事なシーンが自宅のようなところでの再現映像で作られているのだった。

番組の趣旨としては、本当の部屋でなければ成立しないのではないか。いかにも無理を重ねているのは取材時間のなさなのか、強引な演出なのか。『事件の涙』の制作者は何を意図して、貸し部屋でこんなことをしたのか。「娘が命がけで守った」大切な家は、偽装したニセモノであっていいはずはないし、ニセの日常を演出するなど考えられないことだ。

NHKの「セット」シーンについては、放送批評の月刊誌『GALAC』や雑誌『創』に書いたが、NHKから反論が寄せられることはなかった。私はNHKでは、取材対象の自宅に入れてもらえない場合は、自宅に似せたセットを組んで撮影することが許容されていると思うことにした。それは、NHKに知り合いが多く、彼らが全部こんなことをしているとは思いたくないが、個人的にも、組織的にも返答がないということは、黙認と考えるしかないからだ。NHKのドキュメンタリーへの疑いは私の中で止めどもないものになった。

つまり、『事件の涙』で使った手法は、NHKがこれまでの番組でも繰り返してきた常套手段なのではないか。あの番組のあのシーンも、この番組のこのシーンも、セットだったのではないか……。

たとえば、ひきこもりのスペシャル番組があるとする。ひきこもっている本人がインタビューに応じると言ったが、自分の部屋ではイヤだと言われた。私ならば時間をかけて説得を試みる。しかし、どうしても折り合わない場合、スタジオや公園のような空間を用意してインタビューするかもしれない。しかし、NHKは彼の部屋に似せたセットを作って、そこで撮影する。開けることのないカーテン、暗い部屋でパソコン画面が光る、脱ぎ散らかした服、カップラーメンの殻、空き缶、菓子の袋が散乱している、彼にパソコンを操作させる、もうワンシーンは彼に布団の中でうずくまってもらおう。演出側が思うひきこもりの生活の再現とインタビューを、思い通りに作っていく。しかし、画面には「再現」とも「彼の部屋ではない」とも明示しない。彼の部屋だと思い込むのは、視聴者の勝手だとでもいうように。

その後、NHKの「セット」シーンのことは長らく忘れていた。こんなお話に富美子さんを巻き込むことが憚られたし、ちゃんとした組織ならいつかは検証するだろうと思っていたのだ。しかし、この本に書き残そうと思うほど、乾き切った予期せぬ対応がＮＨＫから返ってくることとなった。

二〇二〇年十月、ＮＨＫの研修教育を担当する外郭団体から、プロデューサー・ディレクター研修会の講師をしてほしいという依頼を受けた。ようやく直接、やりとりする機会がやってきた。私はチャンスだと思った。今回は、「再現」とは何かについて、『事件の涙』のスタッフも入れて議論したいと提案した。しかし、その担当者はいろいろ動いた末、テーマを変えてほしいと言ってきた。

私は、ＮＨＫという組織にとって、最も重要な研修内容ではないかと差し戻した。研修担当者は苦慮していた。もう一度、『事件の涙』のスタッフに話をしたようだが、私から電話なりメールを直接ほしいと言っていると、訳のわからないことを言った。公に放送しているものについて、しかも、雑誌などで発言してきた内容だから、オープンに議論したいと断った。研修担当者は番組プロデューサー出身で、人事当局が今回の研修内容をチェックするので、『事件の涙』のスタッフの経歴に傷がつくことを心配している様子だった。優しい男だと思ったが、放送の信頼性とＮＨＫの体面を天秤《てんびん》にかけるようでは脆弱すぎる。ＮＨＫの隠蔽体質に呆れ、私は研修会の講師を断った。

娘の遺影に手を合わせる富美子さん

ローカルテレビの志

「私は事件を忘れたいけど、社会には事件を忘れないでほしい」

磯谷富美子さんは、そう言った。「私は忘れたい」に、意表を突かれた。「私は決して忘れません」と言うに違いないと思っていたからだ。しかし、母としては、娘のむごい事件の記憶は忘却したいと思うのはごく自然だ。そして、「娘が生きた証」として社会が事件を記憶に刻み、二度と同じような事件を繰り返さないようにしてほしい、そう願うのもまた強い気持ちなのだ。富美子さんは、そのために講演に呼ばれればどこへでも行って語るのだった。

繁澤ディレクターは、二〇一七年の夏から富美子さんの取材に入ったが、丸一年を超えてもまだ、自宅の撮影ができずにいた。しかし、ドラマ部分の撮影後に、富美子さんに自宅の中での撮影を許された。

そのシーンは、『おかえり　ただいま』の中で描き出されている。初めて見た富美子さんの自宅に、オーッと声が出るほど目を見張るものがあった。娘と住んでいた頃からのゴムの木だ。天井まで枝を伸ばし、部屋からはみ出そうな勢いだ。富美子さんは、葉の埃《ほこり》を拭くのに脚立に乗っていた。思い返せば、『おかえり　ただいま』のドラマ部分の撮影をしていた頃、富美子さんの自宅の取材の目途はまったく立っていなかった。しかし齊藤ディレクターは、ロケセットに小さなゴムの木を用意して、水やりのシーンなどでゴムの木が映り込むようにカット割りしていた。きっと富美子さんの暮らしを撮ってくれる、そう繁澤を信頼していたに違いない。

祖母との女三人暮らしの子ども時代から始まり、漫画家になるため大学を中退したいと言い出したことで起きた母娘のすれ違い、囲碁と恋人との語らい、そして、母の夢を叶えるための貯金。母と娘の何気ない日常が展開していくドラマ……。そこに、事件に巻き込まれ娘が無言の帰宅をする。亡骸に寄り添う母、実写の映像に切り替わる。齊藤由貴さんが磯谷富美子さんに代わる。しかし、ナレーションは由貴さんのまま語られていく。ドキュメンタリーとドラマの断層を感じさせない流れだ。

ドキュメンタリー・ドラマはどこまで有効なのだろうか。『約束』の時に考えたことが、ここでは少し明確になっていた。作品を観た人の中には、「ドラマにする必要はなかったのではないか」という感想があった。ドラマの使い手ではない私たちには、行き届かない演出があったかもしれない。だが、ドキュメンタリーだけで描けばよいというのは、無理がある。何気ない呼吸で交わされる会話。役柄を読み込んで絶妙な間《ま》で役者が感情を交換する。ドキュメンタリーでは描き切れない、母娘の日常を甦らせるのに、ドラマは不可欠だったと思うのである。

そして、ドラマ部分については、「描かれた日常がつまらなかった」という指摘も受けた。しかし、起伏のある日々を描くことだけがドラマの役割ではない。むしろ「幸せ」を描いてみれば、他人には取るに足らない些細でつまらない出来事なのではないかと思うのである。

東海テレビでは、クリスマスの夜のゴールデンタイムに、『Home～闇サイト事件・娘の贈りもの～』をローカル放送した。そして、全国に届けることと再現性が飛躍的に増すことを考えて、テレビ版を再編集して『おかえり　ただいま』と改題。二〇二〇年九月、全国の映画館でのロードショーを始めた。

人間を描く深度

私の父は、五十四歳で人生を閉じたが、生前はかなりのエンターテイナーだった。子どもたちに、葬儀屋のお手伝いをしていた中国人とニセの中国語で会話しているところを見せて、どうだと驚かせるような人だった。タモリよりもはるか昔に、ハナモゲラ語を上手に操っていた。

私は、父が椅子に腰をかけて食事をしている姿を覚えていない。立ったまま、ご飯に牛乳をぶっかけて、シャシャ……とかき込んで、サーッと出ていってしまうような人だった。食べることにまったく興味を持たないまま、走り続けていた。

ある日、マスクメロンがお供物に上がった。まだマスクメロンは稀少な時代で、私は食べてみたいと母にねだった。母は、まだ固いから、メロンのお尻が熟れてきてからと戸棚に仕舞った。私は学校から帰ると、戸棚を開けては、そっとメロンを抱えてお尻を点検した。まだまだ……。まだまだ……。

母がメロンを切ってくれるという日、学校からダッシュで帰って、バッと戸棚を開けた。毎日毎日、撫でていた、丸い緑色のアミアミのお友達……。

「おかあさん。メロン……」

「メロン、どうかした?」

「ないよ、メロン……」

犯人は父だった。食に興味のない父は、メロンを愛でる息子などつゆ知らず、どこかの土産にしてしまったのだ。毎日、撫でたり、触ったり、語りかけたり、切ったら中はどんな色なのか、どんな味なのかと想像し、最後には、包丁を入れるのが可哀そうだとまで思ったというのに。思い出せないが、名前もつけていたかもしれない。少年とメロン……。

今でも、丸いマスクメロンを見ると、元気だった父と前掛け姿の母、そして、開ける時の戸棚の音を思い出す。

私は番組の制作途上、暇さえあればスタッフ一人一人の成育歴を聞く。人への興味といえば聞こえはいいが、そうせずにはいられないだけだ。ただその聞き取りは、取材の原点でもあり、スタッフメイクの基礎になっている。

私たちは、取材や編集を通じて、他者の人生を追体験したり、解釈したりして、表現へと昇華させている。人生を聞き取らせてもらうこと自体が尊いが、聞き取ったことが間違ってはいないか、逸脱してはいないかと、いつも不安に駆られる。その畏れ、慄《おのの》きをしっかり抱え込むことが、人間を描く深度につながっていくのではないかと思うのである。

十五年ほど前、私の実家の寺は、棚経をやめた。「棚経の発祥は、隠れキリシタンの摘発。続ける必要はない」と住職の長兄が決めたのだ。私の長い修行はそれまで続いた。

アナウンサーは職業不適応

テレビは、元気だった。一九八一年、局内には行儀の悪い記者やカメラマンもいて、野武士集団のような雰囲気があった。ちょっと粗野な感じもしたが、混沌の中に創造はあるのかもしれない、そんなふうに思った。

私の初めてのニュース取材は、お年寄りの盆栽名人だった。撮影を終えて機材を片づけていると、ご祝儀を出された。お盆の上には、スタッフとタクシーの運転手さんの分まで熨斗袋《のしぶくろ》が載っていた。会社から給料をもらっていて、ここでいただくと二重取りで、泥棒になってしまうと固辞したが、出前の寿司だけは干涸《ひから》びて捨てることになってしまうので食べていってほしいと懇願された。

テレビには、実にありがたい時代だった。そして、テレビには力が漲《みなぎ》っていた。何を時代錯誤なことをと思われるかもしれないが、テレビは誇りある仕事で、テレビマンには使命感が溢れていた。

私が所属していたアナウンス班は報道局の隅で、デスクは長い廊下に向いていた。その廊下を、中年の男が首をうなだれて歩いていく。通路の奥には編集室があり、巨大なフィルム現像機もあって、清潔を保つため土足厳禁だった。その男は、ドキュメンタリーのディレクター。ペタペタとスリッパのまま編集室からトイレへ向かい、用を足したら、またペタペタと穴倉のような編集個室へ戻っていく。土足厳禁の意味は限りなく薄いが、カメラがVTRに切り替わっていくフィルム時代の名残りだった。

そのディレクターは無精ひげに、髪はボサボサ、精神を病んでいるかのようだった。後年、人に話しかけられるのを拒絶するためのポーズだったことを知るが、そんな彼がドキュメンタリーのエースだった。

「三十分でいい、若いのに習作をやらせよう」

ドキュメンタリー制作に発言力を持つ彼が、若手にチャンスをやろうと提案していた。しかし、できたものを観て彼はいつも言うのだった。

「ご・ち・そ・う・さん」

これを言われた若手に、再チャレンジの機会はなかった。どこが習作なんだ……。その頃、東海テレビでは、ドキュメンタリーのプロデューサーは名ばかりで、ディレクターは独りぼっちの闘いだった。

私は、アナウンサーという安全圏からこの恐ろしく冷たい世界を眺めていたが、私の足元も不安定だった。喋れないアナウンサーだったのだ。先輩アナウンサーたちは、立て板に水のごとくだったが、私は頭に浮かんだ言葉を、すんなり発語できないアナウンサーだった。喋る前に考えてしまい、文字にするというプロセスが必要だった。マイクの前で不穏当なフリートークをする自分を想像しては眠れない夜を過ごした。練習で克服できる病ではなく、とどのつまり、職業不適応だったのだ。

「わかりやすい」の先へ

入社二年目。早朝のワイドニュースのキャスターをしていた時、取材と編集の待ち時間がたっぷりあった。待機の間、空いている編集機でドキュメンタリーを観て時間を潰していた。番組ライブラリーの中に、『浮いてまう〜岐阜県徳山村への愛惜〜』（一九七七）という番組があった。第11章でも触れたが、完成すると貯水量で日本一になる徳山ダム、その建設でふるさとが水の底に沈んでしまう村人たちを描いたものだった。

「浮いてまう」とは、行き場を失う村人が自分のことを表した方言であり、村人たちの心情そのものだ。この番組のナレーションは、詩人・石垣りんさんが書いていた。村の一本道と峠をカットバックしながら、音楽とともに、最後のナレーションが流れる……。

日本のGDPは、高水準に達したと言います。
水準という言葉が気になります。
ダムも水を貯めて、ある水準に達すること。
深い谷を埋め、古い歴史を沈め、
高い水準に持って行くということ。
高水準の上に、根こそぎ
浮いてまう村もあります。

テレビは映像がすべてだと思いがちだが、言葉の輝きに心を打ち抜かれることがある。石垣さんのナレーションに、私はそう思った。

しかし、ナレーションはとても難しい。映像と現場音ですべてを描き切れるならば、それに越したことはない。本来、ナレーションは補足のために必要なものだが、付け方次第で観る人の想像力を奪うことさえある。

「○△さんは、……と考えていました」など、登場人物の心情まで書き込んでしまう番組もある。伝わらないと思い込んで書いてしまうのだが、取材と映像が足りない証拠にすぎない。ナレーションは少なければ少ないほど、観る人は集中できる。しかし、番組制作に多くの人間が関われば、ナレーションの嵩《かさ》は増えていく。伝わる・伝わらないという二極で思案し始めると、懇切丁寧へと向いてしまうからだ。つまり、不親切より親切なほうがいいいし、わかりにくいよりわかりやすいほうがいいに決まっている、という流れだ。しかし、それが過剰への誘惑なのではないか、と私は思っている。

二十代の時、長めのニュース企画をオンエアすると、次の日、先輩や同僚が声をかけてくれた。

「わかりやすかったよ」

褒め言葉なのだが、私はちっとも嬉しくなかった。心の内と外。勝負したメッセージがその人の心には届かず、自分の外のこととして、すぐに対象化されたと感じたのだ。「わかりやすい」が、テレビの表現として最高なのだろうか。その先を目指したい、そう思うきっかけだった。

しかし、時代は流れて、今やスマホで検索。「わかる」から「すぐわかる」へと突き進んでいる。視聴者の「すぐわかりたい」に応えて、テレビマンは「すぐわかる」ようにする。「何が言いたいのかわからない」などと言われるのが怖くて、作り手は、口どけとノド越しを考え、食べやすいものばかりを出す。そうすると、視聴者の顎は退化して、嚙む力を失う。私はこれを「わかりやすい病」と名づけた。テレビと社会の病理だと思っている。

映像にのせる言葉

番組を作るうえで、ナレーションについて苦悩しない制作者はいないと思う。特に、言葉の持つ力について知れば知るほど悩みは深まる。試してきたことをいくつか拾い出してみる。

『ガウディへの旅』（一九八九）では、A・ランボー（中原中也訳）の詩を決めのコメントにして構成することにした。「時代《とき》が流れる。城塞《おしろ》が見える……」。はるか人生の尺度を超える「聖家族教会」サグラダ・ファミリアの建設。その塔の周りで幾代もの人間の営みが繰り返される。そうして、塔は空へと伸びていく。人間とは何か、文化とは何か、ランボーの詩はテーマへ誘う言葉である。

『はたらいて　はたらいて』（一九九一）では、「はたらいて、はたらいて、何をなくしてしまうのでしょう……」と自作の詩を添えた。歳をとることと社会の変容を表現したものだ。『村と戦争』(一九九五)では、「伝えたいこと、伝えられること、伝えるべきこと、伝わらないこと……」というフレーズを、エンディングで繰り返し、音声をフェードアウトした。戦争の記憶を伝えていくことの重みと困難さを、お経のように読んでみた。『人生フルーツ』(二〇一六)は、ナレーションをつける時に、呪文というキーワードが浮かんだ。「風が吹けば枯葉が落ちる。枯葉が落ちれば土が肥える。土が肥えれば果実が実る……」と循環する自然について表そうと、平易な言葉のリフレインを大切にした。

ナレーターについて

ある時から、私はナレーションを俳優にお願いするようになった。局内にアナウンサーがいるのに、なぜかと問われたことがある。初めからアナウンサーをナレーターのイメージから外しているわけではない。ただ、アナウンサーはいつも近くにいる実体だ。実体はイメージではなく人格そのものとしてある。だから、アナウンサーをキャスティングする際には、人柄とナレーションの技量を考えてしまう。

一方、俳優は長年にわたって培《つちか》ってきたイメージがある。そのイメージを番組に添えるという意味では、演出効果がプラスされる。それと、PRの機会が不足しがちなドキュメンタリーを有名人がナレーションすることで、新聞・雑誌・ネットメディアなどが取材してくれるというメリットがあるのだ。だが本当は、ドキュメンタリーが大好きで、ナレーションを研究していて、余人をもって代えがたい同僚アナウンサーが出てくるのをずっと心待ちにしている。

俳優の動向は、私にとってはナレーター探しであり、『ドキュメンタリーの旅』などに出てくれる旅人役の物色だ。特にナレーターは、地元出身の俳優からキャスティングを考えてきた。奥田瑛二さん（春日井市）、森本レオさん（名古屋市）、杉浦直樹さん（岡崎市）、三浦洋一さん（岩倉市）、宮本信子さん（名古屋市）、椎名桔平さん（三重県伊賀市）、小西美帆さん（岐阜県本巣市）、舘ひろしさん（名古屋市）、松平健さん（豊橋市）……。

ナレーターの依頼は、私が芸能プロダクションに電話をする。マネージャーに話が回るのだが、断られることが多い。企画書まで辿り着かず、最初の電話の三十秒ぐらいで、おしまいという激しい門前払いもある。なにせ、ローカル放送、ドキュメンタリー、低予算という三重苦なのだ。

だいたいマネージャーの判断で依頼の八割は断るというのだが、私の依頼はその八割のほうに入ることが多いようだ。最近、東海テレビの依頼なら断らないでしょうと言われるのだが、そんなことはまったくない。メジャーな世界で生きている芸能界では、ドキュメンタリーに指向性のあるマネージャーは少ない。初ナレーションという俳優にお願いすることが多いため、難儀な交渉の連続だ。だが、一度仕事を受けていただくと、だいたい、次もぜひといってくれる。難関だからこそ突破する喜びも大きい。

「この番組で、何を言いたいですか」という質問

ドキュメンタリーは報道局が担当するケースが多い。ニュースのようにギリギリまで取材をするため、放送直前までドタバタになって当たり前というムードがある。しかし、メディア関係者にモニターしてもらい記事にするのには、それなりの時間がいる。私は、記事にしてもらうために番組の制作日程を一週間前倒しすることにしている。ここ数年は、ナレーション録りの際に、記者たちをスタジオに誘っている。目の前で一本の番組ができていく最終段階に立ち合ってもらうのだ。ディレクターとナレーターのやりとりも含めて、スタジオという現場を体感することで、ドキュメンタリーの理解者になってくれたらという願いもある。そして、ナレーションの収録後に、小さな記者会見を開いている。

「この番組で、何を言いたいですか」

番組をモニターした後、記者にそう質問されることが多い。最初は丁寧に答えていたのだが、だんだん馬鹿らしくなってきた。

「いま観たでしょ。それを書いてください。小説を読んで、作家にそんな質問しますか。画家に絵の意味を解説させないでしょ」

作品を観てもなお、作者の意図を聞くというのは、どういうものだろうか。ただの番組

宣伝の場だと思ってしまうと、そんなやりとりでいいのかもしれないが、記者との真剣勝負を求めているというのに、あまりの残念さに、つい辛辣なことを言ってしまう。しかし作品によっては、大笑いしたり、絶句したり、涙を流している記者もいるし、豊かな関係はできつつある。ただ、新聞もネットの世界も、「わかりやすい病」が蔓延していることは間違いない。取材対象の発言をカギカッコで括ることで、たやすく記事は量産される。しかし、それではせっかく現場に来た書き手の意味はなくなってしまう。作品を挟んで出会っているのだから、そこでしか聞けないことを突きつけてほしいし、宣伝のための提灯記事など不要なのだ。自分の思うままを書いてほしい、そう思っている。

第13章 樹木希林ふたたび

『戦後70年 樹木希林ドキュメンタリーの旅』より

『戦後70年 樹木希林ドキュメンタリーの旅』(二〇一五)

溢れんばかりの愛と細やかな情

二〇一六年六月一日の読売新聞夕刊に「All About 樹木希林」見開き二ページの特集が組まれた。『海よりもまだ深く』のカンヌ国際映画祭出品にちなんだ企画だ。そこに、「ともに仕事をする人は、樹木さんのことをどう思っているのか。聞いてみた」という書き出しで、是枝裕和監督と俳優の阿部寛さんのコメントが載っている。その横に原稿を求められて、カンヌも映画も関係ないのに、調子にのって書いてしまった。

〈「地方の恵まれないローカル局……」。一緒に仕事をする時、ロケから打ち上げまで様々な場面で希林さんがよく使うフレーズです。しかし、私たちをバカにしているわけではありません。去年、新幹線代の節約のため撮影隊はワンボックスカーで名古屋から東京ロケに向かいました。大女優は工事現場に行くような私たちの車に颯爽と乗り込みます。そのかっこよさ。また、ロケ終わりで、近くにあるお馴染みの店に誘導して和菓子を買い、再び乗り込む希林さん。エンジンをかけた車両スタッフの名前を呼び、「車、出さないで。

『戦後70年 樹木希林ドキュメンタリーの旅』（2015年８月～10月放送）

全国の地方テレビ局が語り継いできた戦争の記録としてのドキュメンタリー番組から６作品を女優・樹木希林さんとともに選び、全編を放送。希林さんが、その番組ゆかりの地や人を訪ねる旅に出る。さらに、ゲストと語り合うという全６回のシリーズ。

旅人：樹木希林／プロデューサー：阿武野勝彦／ディレクター：土方宏史、伏原健之
撮影：塩屋久夫、中根芳樹／編集：高見順／効果：久保田吉根／音楽：村井秀清
車両：田上智／TK：河合舞

あなたに一番最初に食べてほしいから」と言いました。地方の恵まれないローカル局の私たちに注がれる希林さんの溢れんばかりの愛と細やかな情。実感するんだなぁ〉

二〇一五年、希林さんと四十日ほど全国を撮影して回った。新聞に書いた記事は、『戦後70年　樹木希林ドキュメンタリーの旅』のロケの一場面である。その日は、長野県から慶応大学に進学した学徒兵のドキュメンタリーの関連で、同じふるさと同じ大学のジャーナリスト青木理さんとの対談を三田校舎で収録した後のことだ。

シリーズは全六作で、戦争に関連

する過去の秀作ドキュメンタリーを再放送するのだが、それだけではワクワクしない。そこで、それぞれの番組のゆかりの人や場所を希林さんが訪ね歩き、さらにドキュメンタリーを共通の課題図書のようにしてゲストと語り合うという構成にした。

思い出す〝ヒヤヒヤ〟がある。慶応の構内でのロケの際、希林さんの首には、エンジと紺の斜め模様のネクタイが巻かれていた。ラグビーファンの私には見覚えのあるデザインだ。

「えっ、早稲田じゃありませんよね!?」

「いいでしょう。これ、百円だったのよ」

「……」

思わずネクタイの裏を見せてもらった。ああ、〝都の西北〟のタグだった。

「メディアの、そういう利用の仕方は認めておりません」。大学広報部は電話でのロケ協力にケンモホロロだった。「地方の恵まれないローカル局」には高飛車なんだなと妙に卑《ひ》下《げ》したくらいで、幾度かの電話の末、伝家の宝刀「樹木希林さんのでして……」と言ったところ、飛車をスルスルと自陣に引いてくれた。このロケ場所の確保には、そんな経緯があった。当日、大学の広報の人たちも希林さんが来るのを楽しみにしていたのだが、なんとライバル校のネクタイ……。

私は、現実逃避を試みた。咄嗟に、この場のタイトルを考えることにしたのだ。で、

「ネクタイKO事件」。いろいろあったが、対談はスムーズに終わり、青木さんの腕をスッと取って見上げながら、「背が高いわね……。でも、タバコをやめなさい」。

希林さんは幾度も禁煙を勧めながらカメラに収まった。そうして、渋谷の希林邸に寄ってから用賀インターへ向かう帰り道。

「ちょっとそこを曲がったところで停めて」

和菓子屋の暖簾《のれん》をくぐり、希林さんは、卵の黄身で作ったふわふわの「君時雨」を買い求めた。

このシリーズのスタッフは、カメラマン二人、音声マン二人、ディレクター、私、そしてドライバーの全部で七人で、すべて顔ぶれを固定した。ドライバーの田上智は、優しいハンドル操作と迅速な移動で、そんな狭いところは無理だろうというところにも縦列駐車を一発で決める。

そんな様子を希林さんはじっと見ている。シトロエン2CVを何台も乗り継ぎ、大の車好きを自認するだけあって、人の車の運転は気になってしょうがない。その厳しいお眼鏡に田上は適ったドライバーだった。「田上さん、あなたに一番最初に……」

箱から一つ取り出し、希林さんから手渡された和菓子。バクっと一口で食べてしまえるふわふわ……。あの時、運転席で「君時雨」はどんな味がしたのだろう。

希林さんは晩年、「仕事は来た順、出演料の順」と公言していたが、これは事実ではない。私たちの番組もそうだが、劇映画も出演料は潤沢ではない。そんな中、是枝裕和監督のいくつもの作品に、希林さんは出演している。読売新聞の特集の記事に是枝監督は「唯一無二、稀有な存在。人間の品がいい。……品のある毒、あるいは毒のある品の持ち主。……いてくれると背筋が伸びる。ちゃんとしてなくてはと思うんです」と書いている。

希林さんを囲んで三人で映画祭のティーチ・インをしたことがあるが、その時、希林さんと監督の佇まいに、母子のようなものを感じた。しかし、希林さんは是枝さんからの出演依頼を一度で快諾していないようだった。ロケの途上で、台本を渡されたことなどを話し、断るつもりだと言ったりしていた。

「いま是枝さんからのお誘いを断る俳優はいないでしょうに」と返していたが、観察していると、一度は断り、結局は出演するというのが、母子のお決まりのプロセスだと気がついた。是枝監督に、希林さんとの仕事について聞いたことがある。

「これが最後で、もう二度と出てくれないかもしれない。毎回そういう緊張感がありますね」と話してくれた。希林さんとのロケが終わるたび、必ず私はダウンして寝込んだ。過剰な意識はしていないつもりなのだが、是枝監督の「緊張感」という話にダウンの理由がついたような気がした。希林さんの想像を超えるような仕事にしなくては……。それは表現を磨くのに理想的な緊張関係だが、激しく消耗するのだ。

水は低きに流れ、煙は高く上がる。知らず知らずのうちに、自分を律する人選をしていることがある。希林さんとは、そういう人だ。彼女の存在が、よいものを作りたいというベクトルを太くしてくれるのだと思う。これは、もはや宗教の領域に入っているのかもしれない。

あの日のこと

二〇一八年九月十六日。朝十時十二分、電話が鳴った。希林さんの携帯からだった。その日、私は家にいた。

希林さんと会ったのは、映画の宣伝でスタジオ出演するために名古屋に来てもらったのが最後で、もう四ヵ月が経っていた。岐阜県出身の熊谷守一画伯を題材にした映画『モリのいる場所』で、希林さんは奥さん役を演じていた。それから、ひと月前に私の友人がガンになり、治療法の相談に乗ってもらったのだが、そのあと、電話がつながらなくなっていた。

まだ夏の名残のある秋の朝、電話の向こうは、希林さんではなく娘の也哉子さんだった。

「明け方に母が逝きました……」

会話を少ししたと思うが、まったく思い出せない。ただ、手持ち無沙汰で広告の裏にメモをしていた。その紙が残っている。

「也哉子さんから。希林さん。今朝、亡くなった。ご自宅で。密葬、家族葬が希望だった。今日午後5時半から自宅で通夜。希林邸の鍵は開けておくので、そのまま入って。母にとても近かったので、母の身体のあるうちに」

私は、たまたま新調したダークスーツを着て、アタフタと出かけた。新幹線に乗る前に、デパートの地下で、栗きんとんを求めた。「希林さん、これが好きだったなぁ……」

十五時二十二分名古屋発東京行きの新幹線に乗り込むと、携帯電話が引っ切りなしに鳴るのだった。希林さん死去の速報が流れたようだった。携帯のショートメールには、知り合いからお悔やみが入っている。まるで母を失った息子を励ますような文面だ。新聞社からの電話もあった。死亡確認の裏どりに私を使うのには閉口したが、同じようなことを私もしてきたわけで、也哉子さんから電話があったことを伝えることにした。「だから、お亡くなりになったのだと思います」

座席とデッキを行ったり来たり。その中に、希林さんと一緒に映画の取材を幾度も受けた読売新聞の恩田泰子記者からの着信があった。あまり質問は多くしないのに、その記事は膨らみと鋭さがあり、希林さんも一目置く批評眼を持っていた。彼女は、追悼文を書いてほしいと私に言った。大女優の死去について新聞に書けるほどの存在ではないと断ったが、「少し考えてみてください」と丁寧に執筆を促された。

正直に言うと、全身ガンだと言っていたが希林さんは死なないと、私は心のどこかで思い込んでいた。いまは、希林教の信者が、永遠の命を持つ教祖を突然失ったようなものだ。気持ちの整理がつかず、とても文章にまとめられるような状態ではなかった。

ロサンゼルスへの旅

二〇一八年四月十六日、ロサンゼルス空港ロビー。希林さんは、レントゲン写真のようなものを私に見せた。「ガンがこんなふうに回っちゃって、もうすぐお呼びがかかるから……」。体中のほとんどに腫瘍《しゆよう》があることを示すように、手足を除いて写真は真っ黒だった。

『神宮希林』『人生フルーツ』のロサンゼルスでの上映会に誘ったのは、前年の暮のことだった。「行く」。二つ返事だったが、年が明けて旅支度を始める頃になると、希林さんは珍しく、不安を口にした。それでも、当日になると羽田空港に元気な姿を見せてくれた。

映画上映会の合間、いろいろなところへ出歩いた。ロングビーチからマリブ、そしてチャイナシアター、ナパバレーに美術館、そしてアナハイムのエンジェルス球場へと足を延ばした。

この時、希林さんはもうビールもワインも、アルコールは一切口にしなかった。ホテルのラウンジでは、「レモネード」とメニューにはない注文を二日連続でした。「レモネードって日本にしかない、和製英語かなんかじゃないですか……」

「あるわよ。海外で頼んだことがあるのよ」。初日は、若いボーイの「ノー」の一言で終わりだった。

二日目の夜、希林さんの再びのオーダーに笑っちゃったのだが、この夜はベテランのボーイが、にっこり「イエス」。妙なものが来るのを、ちょっと期待していたのだが、紛うことなきホットレモネードが運ばれてきた。モノの本を見ると、レモン果汁に蜂蜜を入れ、水などで割るレモネードは、世界中にある。レモンの原産地はヒマラヤで、世界に広がったレモンは、壊血症に効くと大航海時代には船に常備されていて、レモネードも健康飲料として十七世紀には商品化されていた。ワールドワイドな飲み物だった。

ロスでは、大きなハンバーガーも、そして牡蠣《かき》も二夜連続で食べたし、希林さんは、いつものように残すことなく平らげた。

映画を携えて、希林さんと海外に出かけたのは、二〇一五年十一月のアメリカ・アトランタ、一七年八月のポルトガル・リスボンでの上映ツアーに続いて三回目だった。乗り物が好きで、特に船は大好きだった。過去の二回は、酒もよく飲み、そして、海外で会った関係者のパーソナリティに興味を持って会話を楽しんでいた。

苦し紛れ、通夜から帰って夜を徹して追悼文を書くことにした。

〈「もしもし、はぁい、南平台のばぁばです」。希林さんの電話はいつも元気で楽しい。しかし、ばぁばとは…。そんなに歳が離れていないのに、それが決まり文句なのだ。

六年前、ドキュメンタリー・ドラマ『約束〜名張毒ぶどう酒事件　死刑囚の生涯〜』で初めてお会いした。それから私たちの番組に希林さんは休むことなく立て続けに出演してくれた。「恵まれない地方のローカル局」と、わざと〝地方〟と〝ローカル〟を重ねて笑うのだが、『戦後70年　樹木希林ドキュメンタリーの旅』では、長野、長崎、知覧、そして沖縄の辺野古まで飛び廻った。旅先の夜はいつも話の尽きない楽しい食事で、呑み過ぎることもあった。そんな時は決まって「私の部屋、広いのよ。寂しいなぁ。誰か来てくれないかなぁ」とジョークを言って、スタッフを絶句させた。「報道という世界を知って、本当に得したわ」と、私たちとの仕事を慈しんでくれていると思った。

「諍いの好きな女だったのよ」。不思議な夫婦だったが、一緒にいると希林さんの心の中には、いつも夫の内田裕也さんがいた。娘の也哉子さん、本木雅弘さん、孫たちのこと、まるで私も家族の一員であるかのように、暮らしのいろいろを話してくれた。そんな時、希林さんは、独りで暮らす日常が気楽なのか、それとも寂しいのか、私の胸が苦しくなることがあった。それでも、高く羽ばたけと家族を海外に出し続ける。「面白がれるなら、やりなさいよ」希林さんの人生の羅針盤はいつも自由度の高い世界に向いていた。

「上出来の人生よ」今年になってそう言うことが増えていた。十六日、通夜の営まれたご自宅は、穏やかな空気に包まれていた。全身がんの公表から始まった家族の長い看取りが、ゆっくりと行き届いたことが感じられた。

希林さんは、とてもきれいなお顔で、今にも目を開けてお話をはじめそうだった。私はこれまで伝えられないことを心の中で言った。「ばぁばなんかじゃなくって、本当は、一番歳の近い、気の合う叔母だと思っていたんです…」と。近くて遠く、遠くて近い人。

『希鏡啓心大姉』感謝の合掌〉

（読売新聞朝刊「追悼 樹木希林さん」二〇一八年九月十八日）

紙ナプキンに出演料

二〇一八年。「希林さんにこういう企画でお出ましを……」と講演、原稿、出演などの依頼がどういうわけか、私に舞い込むようになっていた。お金を取らない口利き屋というか、マネージャーのように扱われるようになっていたのである。東京の大手から地方の恵まれないテレビ局のプロデューサーを経由して、再び東京・渋谷の希林さんのところへという変なルートだ。「これからは逐一報告をしませんよ。これは、というのだけにしますね」と、一時はフィルター役をしていた。

その中に、「自叙伝を書いてほしい」という出版社からの企画が複数あった。「本は書かないと言っていましたので、残念ですが」と判で押したように答えていた。先方は、断られても仕方がないというダメモト企画で、希林さんが自叙伝を出さないというのは出版界では有名な話だった。ただ、その半生記は書いてもらえれば、間違いなくベストセラーになるというのも共通認識だった。

それが、希林さんが亡くなった後に、どうしたことか、「希林さん本」が出版ラッシュとなった。亡くなってしまえば、出し放題なのか……と思っているうちに、その年の年末、出遅れた映画雑誌が特集本を出すので、原稿料は一万円、締め切りは一週間後という乱暴なメールが送られてきた。知らない編集者ではなかったし、誰も知らなそうなことをちょっと書くことにした。

〈あのCMの、あの映画の、あのテレビ番組の……。樹木希林さんの出演料を、どういうわけか、私は知っている。詳らかにはできないが、桁違いの提示額に「かったるい」と一言。この「かったるい」という表現が、何だかおっかないのだが、次の日の電話では、イッポン上乗せになったという。こういうCMの話から「子役並のギャラだった」とヒット映画のプロデューサーを二度と信用しないと怒っていたことまで……。業界の深淵と人間模様を、希林さんはお金というスコープで私に見せてくれた。

そもそも、金銭の話をあからさまにするのは憚《はばか》られる。私などはお寺の生まれで、特にそうなのだが、希林さんは人前でもバンバンしていた。困ったことに、テレビや新聞・雑誌のインタビューで、私を標的にすることもあった。

「東海テレビと癒着しているって言われるのよ。でもね、癒着は何か利益があってすることでしょ。こっちが持ち出すばかりなんだから、それは癒着じゃないって、娘に言われるの」

希林さん一流のネタなのだが、「出演料がゼロなのよ」と言いたい放題、「些少ではありますが、お支払いしてはいるのですが……」と横で聞こえないくらいの小さな声で囁《ささや》くのが精一杯だった。こういうあからさまなお話が、最大限の信頼と親密さの表明だと知りつつも、複雑な気持ちになったものだ。

一番最初に出演交渉をしたのは、『約束〜名張毒ぶどう酒事件 死刑囚の生涯〜』（二〇一三）だった。この時、希林さんに出演料の提示を求められたが、出演前にギャラの話をしたのは、後にも先にもこれ以外に一度もない。

東京の赤坂の料亭。希林さんのお気に入りのカウンター席の端っこに座った。まだ希林さんのリズムがわからない時で、私は高級料理を堪能する余裕がなかった。「で、どのくらいの出演料を考えているの」と食事の後、ど真ん中の直球がお腹の真ん中に投げ込まれた。心の中はドギマギしていたが、それまでの会話で出演料の多寡に希林さんの関心がないことが分かった。

　希林さんが紙ナプキンをこっちに寄越す。そこに出演料を書けというのだ。恐る恐る書く……。「うんうん」と頷《うなず》きながら希林さんは書き直し、「私はこれでいいから、方言指導を考えてね」と言った。「方言指導の謝礼は別に考えます」と背筋を伸ばして返すと、希林さんは「あら、まぁ」と何とも言えない表情で微笑んだ。

　希林さんは駆け出しの役者時代、NHK名古屋の番組に出演した。その時、名古屋の女優、中村嘉奈子さんが母親役、希林さんが娘役という設定のロードムービーだった。共演した二人の付き合いは、その後、長く続いていた。そして、私が希林さんと出演交渉をしていた時、嘉奈子さんの健康がすぐれなかった。そのことを希林さんは気にかけていた。

　この番組に一緒に関われば、女優魂を刺激して元気になってくれるかもしれない。それが希林さんの真意だったようだ。樹木希林は、お役が来たから請け負うというだけの役者ではない。映画やテレビに出ることと、友達を元気にすること。一つの行動に、いくつもの仕掛けを考えている人だった。

　料亭のフルコースは高かった。お金は、希林さんが出してくれた。出演交渉に行って、ご馳走になるテレビ局プロデューサーというのがいるのかいないのか分からないが、芸能界から遠い報道という世界の私は、その場の流れに任せてという風で、現金でパッパッと払う様子を、「映画のワンシーンを見るようだ」と見惚れていた。

店を出る時、角刈りの大将が「遅くなりましたが、新年のご挨拶です」とお店特製のさらしを差し出した。希林さんは「いらない、いらない」と強めに断った。しかし、大将は「そうおっしゃらずに」と食い下がる。「使わないから、いらない」と右手で払うような仕草をしながら頑なに固辞する希林さんとなぜか執拗に追いすがる大将。大将の右手に包丁は握られていなかったが、妙な緊張が漂うやりとり……。その夜は刺激たっぷりに締めくくられた。

その後も、東京でのロケや打ち合わせの際、いつも食事は希林さんが自ら店を決め、スタッフともどもご相伴《しょうばん》にあずかった。「あなたたちが東京に来る時ぐらいは、私が払うわよ」と、サッとお札を財布から取り出して手渡す姿は、いつ見てもかっこよく、それを間近で見たいばかりに支払いはかぶりつきに陣取ったものだ。

ある時、希林さんは、しみじみこう話した。「私を文化人にしてくれたのは、あなたたちよ。報道という世界を知って思いがけず得したわ」

二〇一四年から一年間、『戦後70年　樹木希林ドキュメンタリーの旅』という六本シリーズを企画した。出演のお誘いをすると、二つ返事だった。靖国神社から長崎の原爆資料館、知覧の特攻平和会館、沖縄の「平和の礎《いしじ》」、そして辺野古と四十日の旅をした。

このシリーズは、制作費がかなり逼迫していた。最後のナレーションを録り終え、昼食に行く名古屋の交差点。信号待ちをしていると、「これは、どうするの」「はい!?」「出演料よ。たくさんちょうだいと言っているわけじゃないの。もらえるところからもらってるから、いいのよってこと」。

そう言って希林さんは、私の右手を摑んで自分の掌のところに持っていった。

「ここに書いてみて」

「はい……」

仕方なく書いた。

「えっ」

「少なくて、すみません」

「そんなに」

「えっ、これですよ」

「わかってる、わかってる。大丈夫なの？」

本当にギャラは些少だったが、お金には換えられない何かを希林さんは私たちの仕事に見てくれているようだった。

「仕事はどういうふうに決めているのですか……」

テレビのインタビューに、「仕事は来た順、出演料の多い順」と答えていたが、それはウソだ。晩年の希林さんは、夥しい数の仕事を断っていた。ＣＭでガバッといただいて、あとは自分の好みで少し引き受けて、そのわずかな仕事は出演料の交渉を面白がっていたような気がする。人間観察の達人にとって、お金の話をする時の相手の立居振舞が最高のご馳走だったのではないか、そう思うのである

（『いつも心に樹木希林』キネマ旬報社、に加筆）

人と人との縁

希林さんの本がさまざまな出版社から雪崩《なだれ》のように出続けた理由は、一年近く経って判明した。

希林さんの留守電は自分の声で入れてある。その中で「二次使用は、どうぞご自由に……」と言っている。最初に持ち込まれた出版社からの企画に、娘の也哉子さんは、「……と本人も言っているし、まあしょうがないか……」とOKした。その後、持ち込まれるものに、ノーということができなくなった。それで出版の雪崩が起きてしまったのだ。也哉子さんは「こんなことになるとは思ってもみなかったし、どうでしょう。本人は嫌だろうな……」と笑っていた。

で、この本のラッシュが私の気持ちに飛び火した。晩年の希林さんの映像が豊富にあるのは、私の手元だ。これをまとめないでどうする、とテレビマンの助平根性が抑えられなくなってしまったのだ。そこで、企画したのが『樹木希林の天国からコンニチワ』である。

TAMA CINEMA FORUM（2015年11月28日）で対談する樹木希林さんと著者

也哉子さんと希林さんの旅をなぞり、ゆかりの人を訪ねて、希林さんが残していったメッセージに耳を澄ましてみようという番組だ。

希林さんの自宅のリビングには第4章で触れた一枚の絵が飾られている。村上華岳の『太子樹下禅那』のレプリカだ。本物は、何必館・京都現代美術館にある。ブッダガヤの菩提樹の木陰で座禅を組む若き日の釈迦。希林さんは幾度もその絵に会いに行き、梶川芳友館長と親交を深めた。そうして、絵の複製が欲しいと願い出た。

モノにこだわりや執着のない希林さんが、この絵だけには執着があったのである。複製にしてまで手元に置きたかったのは、なぜか……。それは謎だった。娘の也哉子さんと、その謎に触れてみたいと思った。梶川館長は、「たった一枚の絵が人の人生を変えてしまう力を持っている。目に見えない力に惹かれたのではないか」と話した。梶川館長は、『太子樹下禅那』に出会ったことで、美術館まで建ててしまったという逸話の持ち主だった。のちに、希林さんは縮小したものも欲しいと言い、枕元から見える場所に飾っていたという。

伊勢神宮、そして歌人の岡野弘彦さん、長野・上田の戦没画学生の「無言館」と窪島誠一郎館長。希林さんの足跡を訪ね歩いた。そして、也哉子さんは旅の後、言った。

「母が亡くなって、ゆっくり弔うという余裕がありませんでした。こういう人との縁は、母がいてこその縁だから、ありがたいなと思っています」

ゆっくり自分の言葉を確かめるように話す也哉子さん。人と人との縁を、どう感じ、どこで始め、どう結び、そして、どう終わらせるか。つながる縁と新しい出会い。人が人らしく生きていけるのは、人との縁にしかない。それを実践し続けたのが、樹木希林さんだった、そう思うのだ。

エピローグ

数字に支配される時代

テレビジョンの放送開始から六十年あまり、日本経済の成長と軌を一にするようにテレビは、その存在感を大きくしてきた。民間放送の姿を天秤《てんびん》にたとえるならば、一方にジャーナリズムを担う報道、もう一方は経営基盤を支える営業がある。思えば、日本経済の拡大とともに、まるで時代の必然であるかのように報道部門より営業部門が組織の中で力を蓄えていった。

たとえば視聴率とは、はじめは営業の指標にすぎなかったのだが、いつのまにか組織全体の共通の価値観へと押し上げられていった。

一九八〇年代、私が報道部にいた最初の十七年間、視聴率という言葉を一度も聞くことはなかった。報道マンたちは、特ダネを抜いた、事件現場にいち早く駆けつけて他局を凌《りよう》駕《が》したなど、ニュースのことしか興味がなかった。伝えたいものを取捨選択して、ニュースやドキュメンタリーを構築することで地域社会と結びついていた。

報道は、情報の速さと確かさ、そして表現能力を積み重ねることで、テレビの信頼性の礎となっていた。報道が外を向いて仕事をしている間に、営業は他局との競争を繰り広げ、内への発言力を増していった。そうして、知らず知らずのうちに報道の現場にも、視聴率が指標として通底していくこととなった。「数字」に支配される時代である。

バブル経済の崩壊、リーマン・ショック、東日本大震災は、テレビにとって、まさに「数字」の揺さぶりでもあった。インターネットをはじめとした多メディア時代を迎えて、地上波テレビの経営は迷走を始めた。これもまた「数字」の揺さぶりに単純化されていった。

テレビの地盤沈下が進む中で、目に見えるものは「数字」。「数字」にすがるしかなかったのだ。視聴率、収入と支出、競合他社とのシェア争い……。「勝ち組・負け組」「生き残り戦略」「会社を筋肉質に変える」と、テレビの経営者は他産業で流行っていた言葉を借りてきて、地上波ローカルの危機だと煽った。

テレビの本性とは、何か

テレビはこの時、完全に方向性を誤ってしまった。「理想」より「商取引」を大事にすることを明確にしてしまったのだ。外には、地域の信頼と信用が土台だなどと言い、内では、「ジャーナリズムなどと青臭いことを言うな」と言い放つ、二枚舌を使い続け、営業力さえあれば乗り切れるという幻想に浸り、原理原則を大切にする報道マンを無用の長物のように扱ってジャーナリズム精神を愚弄することで、天秤のバランスは大きく崩れてしまった。一度、「数字」の支配が貫徹すると、組織は雪崩を打ったように「数字」の妄信へと傾斜していく。グラフや表を経典のごとく持ち寄っては拝み、地域を、こともあろうにマーケットなどと言い始める。

コロナの時代になって、またしても「数字」の揺さぶりが始まった。テレビは、地上波という伝送経路に見切りをつけなければならないかのように、多メディア化を進めようとしている。しかしそこには、いかに簡単に儲けるかという浅薄なマネーの論理しか感じられない。テレビの本性とは、何か。またしても、「数字」の砂漠が果てしなく広がる。

理想より現実、過程より結果。内容より視聴率。これでは、もはや詐欺師に近いような情報商人に落ちていく。しかし、金があれば誰かに作らせることができると思い込んできた組織に、心のこもった贈り物＝テレビ番組は作れはしない。そうして、テレビは放送開始以来初めて、マネーに貧窮する時代へと突入していくことになる。

テレビは、ジャーナリズムの砦であり、テレビマンは映像文化を創造する担い手である。ジャーナリズムは、テレビが地域の人々と切り結ぶ唯一のパイプだし、映像文化の創造は豊かな地域づくりに欠かせないものだ。これは、私がテレビで活動するただ一つの理由だ。

それらに関わっていくのが自分の使命だと思ってきたが、もし本書に怒りのようなものが感じられるとするなら、それは砂漠化するテレビへの強い危機感なのかもしれない。

テレビと神様

いらっしゃる、ドキュメンタリーの神様が……。その気配を、私は幾度も感じた。苦しみ、もがき、そして諦めかけた時に、ふっと現れる、ドキュメンタリーの神様。そう、私は「ドキュメンタリーの神様」の存在を信じている。しかし、「テレビの神様」は、いらっしゃるだろうか。私はその存在を一度も感じたことがない。

たとえば、テレビが親なら、ドキュメンタリーはテレビの庇護のもとに育った子どもだ。子どもには神様が見えて、大人には見えない。これまで、まじめに考えたことがなかったが、ドキュメンタリーを通じてさまざまな経験をさせてもらって、いろいろなものが見えるようになった。腹が立って、許せて、味わえて……。番組一つ一つが、大切なものを身につけていく原野だった。

ドキュメンタリーを作るには、すっぽんぽんの裸にならなくてはならないことがある。それは、子どもの心のままでいなくては取り組めないものなのかもしれない。それに比べて、テレビという組織は、身を守ることばかり考えて鎧《よろい》を着すぎたのではないか。

テレビには、驚きがあってほしい。何が入っているかわからない、ビックリ箱のようなものであってほしい。私が願ってきたテレビ像である。みんな何が出てくるかわからない奇想天外さに魅力を感じてきたはずだ。しかし、いまやテレビマンにそんな想像力はない。あったとしても、組織防衛のために実現できないのかもしれない。

今の時代、テレビより魅力的なものがいくらでもあるようになってしまった。もはや、テレビモニターは若者の部屋にはない。モニターがあったとしても、地上波テレビはほとんど観られていない。観るのは、YouTube、Netflixなどの配信コンテンツというやつだ。

ずいぶん前から言っているのだが、魅力ある番組が作れなければ、地上波テレビは終焉を迎える。必要なのは、作れる人材を、作る部署に最大動員して、「やっぱりテレビだ」と思い知らせることだ。どこのチャンネルでもやっている井戸端会議のようなワイドショーやバラエティで各局が消耗戦をしていては、テレビの未来はない。

子どものような気持ちで挑戦し、迷い、苦しみ、もがき、そして腹が捩れるほど必死になって番組制作に熱量を込め続けるしかない。「テレビの神様」は、そういう作り手たちの前に現れるのではないか。「テレビの神様」は、組織の前に現れるのではなく、作り手それぞれの前に現れる。テレビマンの多くが、「テレビの神様」を信じるようになった時、「やっぱり、テレビは面白い」、人々はそう思うのかもしれない。

二〇一七年十月、放送批評懇談会の月刊誌『GALAC』編集部の勧めで、自作のドキュメンタリーを振り返りながら、今のテレビを論考する連載を始めた。その時、何の意図もなく、行き当たりばったりに、「テレビ砂漠の歩き方」というタイトルに決めてしまった。一年も書けば終わるかと思っていたが、三年を超えてまだ続き、全部で三十七回に及んだ。飽きっぽく、継続する力のない私を、編集部の山本夏生さん、桧山珠美さんが、的確に手を引いて導いてくれた。

そして連載一年目に、時を同じくして「本にまとめてみたら」と勧めてくれたのが、鈴木嘉一さんと吉岡忍さんだった。不思議なことに、異口同音とはこのことなのだろう、二人はともに「平凡社の金澤君がいい」と推薦してくれた。なかなか本にするタイミングがわからず、グズグズしている私を金澤智之さんは、ゆっくり泳がせ、そして書籍化と決めたら一気呵成に進めてくれた。

本書を、誰が、どんなふうに読んでくれるか想像がつかず、二の足を踏みそうになった時、地方出張で出会ったテレビマンたちから、「連載に勇気づけられています」と声をかけられ、一冊にまとめておこうという気持ちの後押しになった。テレビも、映画も、新聞も、書籍も、人々が対話をするためにある。しかし、放送しっぱなし、上映しっぱなし、書きっぱなし……。多メディア時代だというのに、コミュニケーションは広がるどころか、どこか閉ざされているかのようである。私は自分の表現への無反応が、何とも耐えられない。本書を手にしたみなさんが、時間が経ってもかまわないから、気が向いたら、意見や感想を寄せてくれることを願っている。

最後に、本書は、わがドキュメンタリー・スタッフがいなければ、一行たりと綴れるものではなかった。各番組で奮闘してくれた、ディレクター、カメラマン、編集マン、効果マン、タイムキーパー、音楽プロデューサー、作曲家、美術プロデューサー、撮影助手、ドライバー、東風のメンバー、そしてナレーター、それぞれの作品のそれぞれの仲間たちに感謝したい。

【著者】
阿武野勝彦（あぶの かつひこ）
1959年静岡県伊東市生まれ。81年同志社大学文学部卒業後、東海テレビに入社。アナウンサー、ディレクター、岐阜駐在記者、報道局専門局長などを経て、現在はゼネラル・プロデューサー。2011年の『平成ジレンマ』以降、テレビドキュメンタリーの劇場上映を始め、『ヤクザと憲法』『人生フルーツ』『さよならテレビ』などをヒットさせる。2018年、一連の「東海テレビドキュメンタリー劇場」が菊池寛賞を受賞。ほかに放送人グランプリ、日本記者クラブ賞、芸術選奨文部科学大臣賞、放送文化基金賞個人賞など受賞多数。

平　凡　社　新　書　9　7　6

さよならテレビ
ドキュメンタリーを撮るということ

発行日――2021年6月15日　初版第1刷

著者――阿武野勝彦
発行者――下中美都
発行所――株式会社平凡社
東京都千代田区神田神保町3-29　〒101-0051
電話　東京（03）3230-6580［編集］
　　　東京（03）3230-6573［営業］
振替　00180-0-29639
印刷・製本―図書印刷株式会社
装幀――菊地信義

ISBN978-4-582-85976-8
NDC分類番号699.64　新書判（17.2cm）　総ページ352
平凡社ホームページ　https://www.heibonsha.co.jp/